W0364942

Ulmer Taschenbuch 58

Horst Bielfeld

Vogelfutter aus der Natur

Samen, Beeren, Grünfutter

70 Farbfotos

VERLAG
EUGEN
ULMER

Titelbild: Junge Singdrossel mit Vogelbeeren

Foto Seite 2: Die Knollige Sonnenblume liefert Samen, die auch von den kleinen Körnerfressern gut zu bewältigen sind. Das ist nicht immer bei den großen Samen (kapseln) der allbekannten Großen oder Einjährigen Sonnenblume der Fall.

Sämtliche Fotos von Horst Bielfeld

Die Deutsche Bibliothek – CIP-Einheitsaufnahme

Bielfeld, Horst:
Vogelfutter aus der Natur: Samen,
Beeren Grünfutter/Horst Bielfeld:
Stuttgart: Ulmer, 1993
(Ulmer-Taschenbuch 58)
ISBN 3-8001-6822-7
NE: GT

Das Werk einschließlich aller seiner Teile ist urheberrechtlich geschützt. Jede Verwertung außerhalb der engen Grenzen des Urheberrechtsgesetzes ist ohne Zustimmung des Verlages unzulässig und strafbar. Das gilt insbesondere für Vervielfältigungen, Übersetzungen, Mikroverfilmungen und die Einspeicherung und Verarbeitung in elektronischen Systemen.

© 1993 – Eugen Ulmer GmbH & co.
Wollgrasweg 41, 7000 Stuttgart 70 (Hohenheim)
Printed in Germany
Lektorat: Ulrich Commerell
Herstellung: Gabriele Wieczorek
Satz: Typobauer, Scharnhausen
Repro: Carl Ruck, Stuttgart 80
Druck und Bindung: Georg Appl, Wemding

Einführung und Dank

Wenn wir sehen, mit welchem Eifer sich die meisten der von uns gepflegten Vögel über angebotenem Grünfutter, über Beeren und halbreifen Samen hermachen, erkennen wir schon daraus, welche Bedeutung die Futterpflanzen für sie haben. Meistens lassen sie Körnerfutter, Aufzuchtfutter und sogar Lebendfutter solange unbeachtet, bis sie sich an frischen Futterpflanzen gelabt haben. Oft sind diese sogar der wichtigste Bestandteil der Nahrung bei der Aufzucht der Jungen.

Wie vielfältig das Angebot an Futterpflanzen sein kann, wissen nur die wenigsten von uns. So gehen wir an Pflanzen achtlos vorbei, ohne zu wissen, daß sie Leckerbissen und obendrein sehr gesund für unsere Gefiederten sind. Vielleicht fehlt uns auch nur das Wissen um die Pflanzen, die sich zur Verfütterung eignen. In diesem Zusammenhang kommt dann leicht die Angst auf, den Vögeln unter Umständen versehentlich unbekömmliche oder gar giftige Pflanzen anzubieten. Dann wird als Konsequenz von manchen Vogelhaltern lieber nichts an Pflanzen aus der Natur angeboten.

Dieses Büchlein soll Abhilfe schaffen und uns ein Leitfaden beim Sammeln von Futterpflanzen sein. Viele Arten werden in Farbbildern und ausführlichen Beschreibungen vorgestellt. Aus den Texten geht hervor, wo und wann die einzelnen Pflanzen zu finden sind, welche Teile von ihnen als Vogelnahrung in Frage kommen und welche Vögel sie mögen. Ein Kalendarium gibt Auskunft, innerhalb welchen Zeitraums die einzelnen Pflanzen zu finden sind.

Damit es nicht zu Verwechslungen mit ungenießbaren oder giftigen Pflanzen kommen kann, sollen die wichtigsten von ihnen vorgestellt und in Farbbildern gezeigt werden. Das gilt auch für Zimmerpflanzen, an denen die Vögel bei Freiflug knabbern könnten, oder die zu Dekorationszwecken in die Voliere gestellt werden. Es ist erstaunlich, wie häufig es zu Erkrankungen oder zu Todesfällen durch Zimmerpflanzen kommt.

Viel zu wenige kultivierte Pflanzen werden als Vogelnahrung genutzt. Dabei sind einige von ihnen selbst im Winter zu haben, wenn wir aus der Natur oder aus dem Garten nichts für die Vögel holen können. Ansonsten kann jeder, der einen Garten besitzt, vielerlei Pflanzen für seine Vögel anbauen. Für einen Einzelvogel oder einen kleinen Bestand genügt meistens schon die Anzucht von Futterpflanzen auf dem Balkon oder auf dem Fensterbrett. Diese werden hier ebenfalls vorgestellt.

Danken möchte ich all den vielen Vogelliebhabern, die mir mit Ratschlägen und Hinweisen zur Versorgung ihrer Vögel mit Futterpflanzen geholfen haben. Ganz besonderer Dank gebührt den beiden folgenden Vogelliebhabern: Helga Fachinger, Bonn, die im Verabreichen verschiedenster Pflanzen sehr experimentierfreudig war. Sie hat mich stets ausführlich unterrichtet, was und in welchen Mengen sie ihren unterschiedlichen Vögeln gegeben hat. Ein Lehrmeister auf dem Gebiet der Wildpflanzenbeschaffung und -fütterung war für mich Rudolf Brauer aus Eversen/Heide, mit dem ich seit über

Ganze Wiesen und Wegränder färben sich violett, so häufig tritt die Ackerknautie mancherorts auf.

zwanzig Jahren gemeinsam in der AZ-Ortsgruppe Hamburg war und der im Herbst 92 überraschend verstorben ist. Er hat in all dieser Zeit viele Vorträge gehalten, zu denen er stets große Mengen der verschiedensten Wildkräuter zur Anschauung mitbrachte. Für manche Fotos zu diesem Buch hat er mir die Standorte seltener Pflanzen gezeigt.

Nun hoffe ich, daß dieses Büchlein für viele Vogelliebhaber der Feldführer bei der Beschaffung von Futterpflanzen sein wird. Es hat seinen Zweck erfüllt, wenn die gefiederten Pfleglinge dadurch öfter und zu einem reichhaltigeren Angebot an Grünfutter, halbreifen Sämereien und Beeren kommen werden.

Jameln, im Frühjahr 1993
Horst Bielfeld

Inhalt

Die Bedeutung von Futterpflanzen für die Ernährung der Vögel

Die Pflanzen, die wir in Form von Knospen, Grünem, Blüten, Samen oder Früchten aus der Natur oder dem Garten holen, sind für unsere Pfleglinge eine willkommene Bereicherung ihres Speiseplans.

Sie sind für die Vögel etwas Interessantes, dem sie große Aufmerksamkeit entgegenbringen. Kommt etwas Neues auf ihren Futtertisch, das von ihrem gewohnten Körnergemisch, ihrem Weichfutter oder Früchtemenü abweicht, wird es zuerst von allen Seiten kritisch beäugt. Dann wird schon mal gewagt, ein wenig daran zu picken oder zu knabbern, bevor nach einer Anzahl solcher Versuche richtig davon gefressen wird.

Dieses Interesse der Vögel an neuen Futterstoffen, aber auch ihre anfängliche Skepsis oder Vorsicht (es könnte ja auch ungenießbar oder giftig sein), sollte als wichtiger Grund für das Darreichen von Futterpflanzen angesehen werden. Die Vögel verfallen nicht in »geistige« Unbeweglichkeit, wie das mit der Zeit bei immer gleichem, eintönigem Futterangebot und genormten Sitzgelegenheiten notgedrungen der Fall wird.

Zum Testen für dieses Buch habe ich meinen Pfleglingen die unterschiedlichsten Pflanzen oder Pflanzenteile angeboten, auch solche, die ich für ungenießbar oder gar giftig hielt. Sie haben stets zu unterscheiden gewußt, wenn auch erst nach kürzerem oder längerem Prüfen in oben beschriebener Manier. Vögeln, die schon seit vielen Generationen in Menschenobhut leben, etwa Kanarien oder Wellensittichen, mag dieser Instinkt schon verlorengegangen sein. So sind sie vielleicht nicht mehr in allen Fällen in der Lage, ungenießbare und giftige Pflanzen zu erkennen. Ich erfahre immer wieder von verendeten Vögeln, die von bestimmten Zimmerpflanzen gefressen haben (s. hierzu das Kapitel »Giftpflanzen in der Natur und in der Wohnung«).

Für die Ernährung der Vögel haben die Futterpflanzen mehrfache Bedeutung. Zum einen werden sie mit ungewohnten Geschmacks- und Aromastoffen konfrontiert, was ihre Neugierde und ihr Interesse weckt, wie oben beschrieben. Die Inhaltsstoffe mancher Pflanzen haben eine wohltuende Wirkung auf den Körper und für die Gesundheit. Viele der Pflanzen, die wir anbieten und die gern genommen werden, sind aufgrund ihrer ätherischen Öle, Gerbstoffe, Glykoside, Alkaloide, Vitamine, Mineralstoffe und manchmal auch wegen ihrer antibiotischen Wirkung Heilkräuter. Auch wo dies nicht der Fall sein sollte, finden die Pflanzen schon durch ihre Frische großen Zuspruch.

Im allgemeinen werden die Pflanzen oder Pflanzenteile, die wir unseren Vögeln aus der Natur oder dem Garten bringen, nur einen Leckerbissen darstellen oder ein willkommenes Zubrot sein. Allerdings können Wildkräuter auch eine große Bedeutung erlangen, etwa für die Gesundung eines kranken Vogels oder für die erfolgreiche Aufzucht von Jungen. Dazu diese Beispiele:

Ein Wellensittich mit chronischem Durchfall, bei dem kein Hausmittel oder Medikament mehr half, wurde nach Verzehr von Breit- und Spitzwegerichblättern wie -fruchtständen kerngesund. Manche heimischen und südamerikanischen Zeisige zogen ihre Jungen fast ausschließlich mit den halbreifen Samen des Löwenzahns groß, manche afrikanischen Girlitze die ihren mit Vogelmiere (Samen und Grünes), um nur einige Fälle zu nennen. Gaben bestimmter Wildkräuter können also über den Erfolg oder Mißerfolg einer Brut entscheiden.

Die verschiedenen Futterpflanzen werden mit unterschiedlicher Begeisterung von den Vögeln aufgenommen. Dafür kann es diverse Gründe geben, zum Beispiel den Geschmackssinn. Es wird zwar vermutet, daß dieser bei den Vögeln nicht besonders gut ausgeprägt ist, doch können wir immerhin feststellen, daß er nicht ganz ohne Bedeutung ist. So verweigern viele unserer Pfleglinge das Wasser, wenn diesem ein Medikament, etwa ein Antibiotikum oder ein Vitaminpräparat hinzugesetzt wird. Kommt noch ein Tropfen Honig hinzu, wird es wiederum gern getrunken.

Sogar der Geruchssinn spielt eine Rolle bei der Auswahl der Nahrung, wenn auch eine weitaus geringere als bei den Säugetieren. Dennoch können wir feststellen, daß angebotene Futterpflanzen von sonst gleicher Art wegen ihres beträchtlich unterschiedlichen Geruchs akzeptiert bzw. abgelehnt werden. Von den Vögeln, die wir normalerweise pflegen, besitzen Tauben, Enten und Hühnervögel ein besseres Geruchsvermögen als Papageien und Singvögel.

Die Größe, Form und Konsistenz von Grünem, Samen oder Beeren sollen für die Akzeptanz oder Ablehnung durch den Vogel eine wichtige Rolle spielen. Da können äußerlich so gut wie identische Futtermittel angeboten werden, die dennoch unterschiedlich gern angenommen werden, im Extremfall wird das eine reißend gern gemocht, das andere total verweigert. Hierbei spielt der Tastsinn eine wichtige Rolle. In den Schnabelrändern, der Schnabelspitze, der Zungenspitze und im Gaumen befinden sich besonders viele und hochempfindliche Tastkörperchen. Mit Hilfe der Schnabelschneiden, der Zunge und des Gaumens wird die Nahrung hin und her gewendet und dabei begutachtet.

Mit dem Darbieten von unterschiedlichsten Futterstoffen aus der Natur geben wir unseren Pfleglingen also ganz offensichtlich die Möglichkeit, ihre Sinnesleistungen zu erhalten und zu trainieren. Damit sollte schon bei den ganz jungen Vögeln angefangen werden, denn sind sie erst über eine bestimmte Lernphase hinweg, nehmen sie nur noch schwer neue Futterstoffe auf. Das erleben wir immer wieder besonders bei Papageien, die oft nur Sonnenblumenkerne und sonst nichts zu sich nehmen. Dabei sind sie von Natur sehr vielseitige Nahrung gewohnt und neugierig.

Ein Stück natürlicher Futteraufnahme durch unsere Pfleglinge

Fast alle Vögel, die wir pflegen, nehmen in unterschiedlicher Menge pflanzliche Nahrung an. Sie mögen sie um so lieber, je frischer und auf natürlichere Weise sie ihnen geboten wird. Beerendolden am Zweig üben eine viel größere Anziehungskraft auf alle Drosseln und sonstigen Weichfresser aus, als wenn wir sie ihnen gestrippt im Napf anbieten. Mit welcher Begeisterung Stieglitze und viele andere Carduelиden auf einer Distelpflanze mit frischreifen Samenköpfen herumturnend naschen oder Prachtfinken über ein dickes Bündel halbreifer Grasrispen herfallen, muß man erlebt haben.

Diese Begeisterung beruht nicht allein auf dem Wohlgeschmack der ganz frischen Futterpflanzen, sondern auch auf der natürlichen Art, in der sie aufgenommen werden können. Selbst die Fütterung unserer Pfleglinge über Jahre und Vogelgenerationen aus dem Napf kann diese angeborenen Verhaltensweisen bei der Nahrungsbeschaffung mit Abpflücken, Herausklauben, Entkernen oder Entspelzen nicht vergessen machen. Die Vögel fühlen sich im Umgang mit den naturgewachsenen Futterstoffen ganz in ihrem Element.

Es sollte unser Ziel sein, den Vögeln in möglichst allen Jahreszeiten etwas frische pflanzliche Nahrung anzubieten. Als Beispiel nehmen wir die Vogelmiere. Diese wird von sehr vielen Vögeln gern genommen. Pflücken wir sie und haben einen etwas längeren Weg nach Hause, dann ist sie schon nicht mehr ganz frisch. Zwar wird sie beim Abwaschen in kaltem Wasser wieder knackiger und läßt sich in feuchtem Zeitungspapier eingeschlagen auch einige Tage im Kühlschrank frischhalten, doch sobald sie den Vögeln vorgelegt ist, beginnt sie zu welken. Dann wird sie von den Vögeln bald nicht mehr beachtet. Viel länger haben sie von der Vogelmiere, wenn diese mitsamt ihrer flachen Wurzeln und der sie enthaltenden Erde ausgegraben und in eine flache Schale gestellt wird. Leicht angegossen hält sie sich tagelang frisch und kann oftmals zum Nachwachsen gebracht werden. Für die Vögel ist es ein Vergnügen, neben dem frischen Grün auch Erde und vielleicht sogar eine Menge Kleinlebewesen wie Asseln und Würmchen aufnehmen zu können.

Große Kübel oder Flaschen mit engem Hals sind bestens geeignet, alle möglichen Stauden oder Zweige mit Grünem, Knospen, Samen oder Beeren aufzunehmen. Sie sollen im Wasser stehen, damit sie nicht verwelken, sondern frisch bleiben. Selbst eine Löwenzahnpflanze, wird sie mit der langen Pfahlwurzel ausgegraben und in eine enghalsige Flasche gesteckt, bleibt lange frisch.

Eine Flasche mit engem Hals gibt ebenso Sicherheit davor, daß einer der Vögel hineinfällt und ertrinkt, wie ein Kübel voller großer Steine. Schwer genug sind die wasser- und steingefüllten Behälter allemal, so daß unsere gefiederten Leichtgewichte sie nicht umzukippen vermögen.

Auch Grasbüschel lassen sich in Flaschen oder Gläser mit Wasser stecken, doch ihre reifenden Samen sind davon weniger abhängig. Entsprechend können die Grasbüschel also auch, mit einer Schnur zu einem Strauß zusammengebunden, in der Voliere aufgehängt werden.

Um für alle Möglichkeiten gerüstet zu sein, sollten verschiedene Behälter wie Gläser, Kübel, Schalen und verzweigte Äste in Bereitschaft gehalten werden. Solche Zweige sind oftmals nötig, damit die Vögel von ihnen aus auch alle Grasrispen oder Samenstände erreichen können.

Wer eine größere Gartenvoliere besitzt, kann Teile davon abgrenzen, um in diesen verschiedene Futterpflanzen zu säen oder anzupflanzen. Schnellwüchsiges wie Vogelmiere, zarte, weiche Süßgräser, Rübsen und verschiedene Wildkräuter, für größere Arten auch Getreide- oder Sonnenblumenkerne können bald nach dem Keimen zum Abfressen freigegeben werden. In einen solchen Pflanzteil ist gut verrottete, lockere Komposterde einzubringen, die nach Abgrasen durch die Vögel und einer weiteren Ansaat zu erneuern ist.

Mit der Erde werden viele Kleinlebewesen wie Enchyträen und andere kleine Würmer, winzige Asseln und weitere Tierchen eingebracht, eine willkommene Zusatznahrung für viele Vögel.

Läßt sich ein Volierenteil ganz abtrennen, eignet er sich am besten zum Aussäen von Futterpflanzen. Sonst darf sich ein solcher Grünfutterteil nicht unter den Sitzgelegenheiten der Vögel befinden, damit er nicht schon verkotet, bevor die Pflanzen von den Gefiederten genossen werden können. Manche Liebhaber nehmen einen Kunststoff-Pflanztunnel dafür, unter dem die Saat auch besonders schnell aufgeht.

Wie schon erwähnt, ist immer wieder saubere, reife Komposterde für das Aussäen von Futterpflanzen in der Voliere notwendig. Auf keinen Fall sollte so verfahren werden, wie ich es bei einigen Vogelfreunden gesehen habe. Übriggebliebenes Körner- und Keimfutter wird aus den Futtergefäßen auf den Volierenboden ausgeschüttet und eingeharkt. Dann werden die Wasserreste aus den Trink- und Badegefäßen darüber entleert, um sie anzugießen. Damit sind Resteverwertung und Zeiteinsparung optimal, doch ist nicht auszuschließen, daß eine Epidemie durch Salmonellen, Kokzidien oder Spulwürmer früher oder später ausbricht. Auch die Verbreitung von Pilzsporen kann durch das Ausschütten von Futterresten und verschmutztem Wasser gefördert werden. Das in der Voliere aufgehende Grünfutter ist eine feine Sache, doch müssen Samen, Wasser und Erde sauber sein. Sonst ist es besser, alles an Grünfutter aus der Natur zu holen, wofür dieses Buch ja auch in der Hauptsache Anleitung und Anstoß geben möchte.

Wildwachsende Futterpflanzen von A–Z

Ackerhornkraut

Cerastium arvense. Familie Nelkengewächse. Ausdauernde Staude mit einer Höhe von 5–30 cm. Bildet dichte Rasen. Blütezeit April bis September, weißblühend. Samenkapseln reifen von Mai bis Oktober.

Vorkommen: An Weg- und Feldrändern sowie auf trockenen Wiesen.
Verwertbare Teile: Halbreife bis reife Samen.
Vogelarten: Fast alle heimischen wie exotischen Finkenvögel und auch größere Körnerfresser mögen die Samen gern.

Ackerschotendotter

Erysimum cheiranthoides, auch Ackerschöterich genannt. Familie Kreuzblütler. Die Pflanze ist einjährig und erreicht eine Höhe von 20–60 cm. Blütezeit Mai bis Juli und oft ein zweitesmal im September/Oktober, dottergelb blühend. Halbreife und reife Samen sind stets unmittelbar nach der Blüte in den vierkantigen Schoten vorhanden.

Vorkommen: Ist an Wegen, Ufern, Feld- und Waldrändern, auch auf Brachland und Schuttplätzen zu finden, vielfach auch als »Unkraut« in Gärten.
Verwertbare Teile: Blüten, grüne Schötchen, halbreife und reife Samen.
Vogelarten: Fast alle Körnerfresser von Prachtfinken und Kanarien bis zu Wachteln, Sittichen und Papageien nehmen den Schotendotter in kleiner Menge auf.

Ackersenf

Sinapsis arvensis, auch Wilder Sommerrübsen genannt. Familie Kreuzblütler. Einjährige Pflanze, Höhe 30–60 cm. Blütezeit von Juni bis September, gelbblühend. Reife Samen sind von Juli bis zum Oktober vorhanden.

Vorkommen: Wächst als Unkraut auf Getreide- und Rübenfeldern, ferner auf Brachland und Schuttplätzen. Ist leicht mit dem Hederich zu verwech-

Der Ackerschotendotter ist an seinen vierkantigen Schoten zu erkennen.

Beim Ackersenf stehen die Kelchblätter waagerecht ab, was beim sehr ähnlichen Hederich nicht der Fall ist, der allerdings auch verfüttert werden darf.

Der Krause Ampfer ist mit seinen großen grundständigen Blättern und den samenreichen Fruchtständen nicht zu übersehen.

seln, der auf ähnlichen Plätzen vorkommt.
Verwertbare Teile: Samen. Diese können mitsamt der ganzen Pflanzen mit halb- und frischreifen Samen in den Schoten in Wasserbehältern in die Volieren gestellt werden. Dann trocknen die Samen nicht so schnell, als wenn die Pflanzen luftig aufgehängt werden.
Vogelarten: Heimische und exotische Finken, Kanarien sowie in kleineren Mengen alle anderen Körnerfresser einschließlich Wachteln, Wellen- und Großsittiche.

Ahorn

Bergahorn *Acer pseudoplatanus*, auch Falsche Platane genannt. Sie verliert nämlich wie jene große Platten alter Rinde, so daß sich helle Flecken zeigen. Dieser stattliche Baum kann 35 m hoch werden. Blütezeit von Mai bis Juni. Die Samen mit den spitz gewinkelten Flügeln reifen im September.
Eschen-Ahorn *Acer negundo*, auch Eschenblättriger Ahorn genannt. Wird 6–20 m hoch. Blütezeit April/Mai. Reife der Samen im August/September. Dann krümmen sich die Flügel so weit zusammen, daß sie sich berühren.
Feldahorn *Acer campestre*, auch Maßholder genannt. Erreicht nur eine Höhe von 7–10 m. Blüht im Mai, wirft seine reifenden Samen mit den waagerecht gespreizten Flügeln im August/September ab.
Spitzahorn *Acer platanoides*. Kann 25–30 m Höhe erreichen. Blütezeit April/Mai. Die Flügel seiner Samen bilden einen stumpfen Winkel zueinander. Reife im September.
Alle Ahornbäume blühen gelbgrün und bilden die Familie der Ahorngewächse.
Vorkommen: Die Ahornbäume sind in Mischwäldern, in Auwäldern sowie an Bachläufen (vor allem der Spitzahorn), als Alleebäume an Straßen, in Parks und Anlagen zu finden. Der Eschenblättrige stammt aus Nordamerika und wurde schon 1688 in Europa eingeführt.
Verwertbare Teile: Knospen, Rinde, Samen. Werden die Zweige ins Wasser und warm gestellt, schwellen die Knospen schon sehr zeitig im Frühjahr.
Vogelarten: Die Knospen werden gern von Gimpelartigen, Kanarien und anderen Girlitzen, Wellen- und Großsittichen sowie von Papageien gefressen. Die Krummschnäbel benagen auch gern die Rinde. Die nußartigen Samen werden von Gimpelartigen, Kernbeißern, Kernknackern und anderen größeren Körnerfressern genommen, auch von Papageienvögeln.

Ampfer

Großer Sauerampfer *Rumex acetosa*. Höhe 30–100 cm. Blütezeit Mai bis Juli, rotblühend. Reife Samen sind von Juni bis August in den Samenständen.
Kleiner Sauerampfer *Rumex acetosella*. Höhe 8–30 cm. Blütezeit Mai bis August, rotblühend. Samenreife von Juni bis September.
Krausblättriger Ampfer *Rumex crispus*. Höhe 60–120 cm. Blütezeit Juni bis August, rotblühend. Samen sind halbreif und reif von Juli bis September vorhanden.

Alle Ampferarten sind mehrjährige Stauden und gehören der Familie der Knöterichgewächse an.
Vorkommen: Großer Sauerampfer und Krausblättriger Ampfer bevorzugen feuchtere Standorte auf Feldern, Wiesen, an Wegen und Ufern. Der Kleine Sauerampfer liebt sandigen, trocknen Boden und ist auf Waldlichtungen, Äckern, Brachland und in Gärten oft massenhaft zu finden.
Verwertbare Teile: Halbreife und reife Samen. Sie können mit den ganzen Pflanzen angeboten werden. Die Blätter des Großen Sauerampfers sind leicht giftig, was den Vögeln jedoch nicht schadet, zumal sie nur wenig von dem Grünzeug aufnehmen.
Vogelarten: Von Prachtfinken, dem Kanarienvogel und seinen wildlebenden Verwandten bis zu den größten Körnerfressern, einschließlich Sittichen, Papageien, Wachteln und Fasanen werden die Ampfersamen meistens gern angenommen.

Bärenklau

Heracleum sphondyllum. Familie Doldengewächse. Eine ausdauernde

Die reifen Samen des Bärenklaus sind leicht zu ernten.

Staude mit einer Höhe von 60–150 cm. Blütezeit Juli bis September, reifende Früchte von August bis Oktober.

Vorkommen: Wächst auf feuchten Wiesen, im Gebüsch, vor allem der Auwälder, an Waldrändern.
Verwertbare Teile: Samen, fast reif und vollreif.
Vogelarten: Nach Karl Sabel soll der Fichtenkreuzschnabel die Samen nehmen. Möglicherweise werden sie auch von exotischen Gimpeln, Kernbeißern und Kardinälen gemocht.

Beifuß

Artemisia vulgaris, auch Fliegenkraut genannt. Familie Korbblütler. Ausdauernde Pflanze mit einer Höhe von 50–150 cm. Blütezeit von Juli bis September, gelbblühend. Reifende Samen gibt es von August bis November.

Vorkommen: Gedeiht an Wegrändern, Ufern, Zäunen, auf Mauern und Ödland, zwischen Felsen, an trockenen Hängen und in Weinbergen. Wird in Bauerngärten als Gewürz- und Heilpflanze angebaut.

An Wegrändern und auf Äckern sind Feldbeifuß und Echter Beifuß im Herbst in großen Mengen zu ernten.

Verwertbare Teile: Samen. Sie werden in halbreifem und reifem Stadium mitsamt der Pflanze in die Voliere gestellt oder gehängt. Soll wegen seines würzigen Geruchs Fliegen und anderes Ungeziefer von den Käfigen und Volieren fernhalten.
Vogelarten: Viele heimische und exotische Körnerfresser nehmen den Beifuß gern, auch Sittiche und Papageien. Das im ätherischen Öl enthaltene Cineol soll gegen Spulwürmer helfen.

Berberitze

Berberis vulgaris, auch Sauerdorn genannt. Familie Berberitzengewächse. Höhe 1–3 m. Blütezeit Mai/Juni, gelbblühend. Die länglichen, scharlachroten Beeren sind von September an reif und können auch noch im Winter geerntet werden.

Vorkommen: Wildwachsend an Waldrändern, in Gebüschen und in Hecken der Feldränder zu finden. Sonst vielfach in Gärten, Parks, Anlagen in verschiedenen Sorten kultiviert.

Viele Vögel mögen den sauren Geschmack der Berberitzen-Beeren.

Bei der Flatterbinse zeigen sich die Samenkapseln in oft dicken Büscheln.

Verwertbare Teile: Reife Beeren. Wegen der dornigen Zweige werden die Beeren ungern gepflückt, doch sollten sie bei entsprechenden Vögeln wenigstens mal probeweise gegeben werden. *Vogelarten:* Einige Finkenvögel, Stare und andere Weichfresser, Sittiche, Papageien, Tauben, Wachteln und Fasane nehmen sie gern.

Bingelkraut

Mercurialis annua, auch Einjähriges-, Gemeines Bingelkraut oder Schuttbingelkraut genannt. Familie Wolfsmilchgewächse. Diese einjährige, stark verästelte Pflanze wird 25–50 cm hoch. Sie blüht von Juni bis Oktober, grünlich. Die Samenkapseln sind zuerst grün, später dunkelbraun und haben viele kleine Höcker oder Stacheln. *Vorkommen:* Auf Feldern, Brachland, an Wegen, Ufern und im Garten häufig.

Verwertbare Teile: Samen in allen Reifestadien. Ganze Pflanzen oder Äste davon aufhängen. *Vogelarten:* Alle Körnerfresser, vor allem die kleinen, so auch die Prachtfinken, nehmen die Samen zu sich.

Binsen

Behaarte Hainsimse *Luzula pilosa.* Behaarte, grasartige, grasgrüne Blätter. Runder, aufrechter Stengel, an dem die Blätter bis obenhin wachsen. Höhe 15–30 cm. Doldenähnlicher Blütenstand. Blütezeit März bis Mai, weißblühend. Reifende Samen sind im Mai/Juni zu finden.
Flatterbinse *Juncus effusus.* Glänzende, blatt- und knotenlose Stengel von dunkelgrüner Farbe. Höhe 30–100 cm. Blütezeit Juni bis August, weißblühend in einer seitwärts gerichteten braunen Spirre. Samen von Juli bis September in dreieckigen Kapseln.

Borretsch wird als Würzpflanze und Bienenweide gern angebaut. Daß er auch als Vogelfutter dienen kann, ist weniger bekannt.

Graue Binse *Juncus inflexus*, auch Blaugrüne Binse genannt. Stengel gerillt, dunkelbraune, grundständige Blätter. Höhe 30–90 cm. Blütezeit Juni bis August, sonst ähnlicher, aber kleinerer Blüten- und Fruchtstand wie die vorige Art.

Sie gehören zur Familie der Binsengewächse und sind ausdauernde Stauden.
Vorkommen: Auf nassen Wiesen, an Ufern, in Sümpfen und Mooren. Die Hainsimse ist in Wäldern recht häufig anzutreffen.
Verwertbare Teile: Halbreife und reife Samen. Sie werden wie Gräser gepflückt, zu Sträußen zusammengebunden und in die Volieren gehängt.
Vogelarten: Binsensamen werden von fast allen Körnerfressern angenommen.

Birken

Hängebirke *Betula pendula* (syn. *Betula alba*), auch Weiß- oder Warzenbirke genannt. Höhe 8–25 m. Blütezeit April/Mai, gelbbraun blühend. Reifende Samen von Juli bis November.
Moorbirke *Betula pubescens*. Höhe bis 15 m. Ähnelt der Hängebirke, hat jedoch bis fast zu den Enden aufrechtstehende Zweige. Blütezeit April/Mai, grünlichbraun blühend. Die ab Juli reifenden Samen haben viel schmalere Flughäute bzw. Flügel.
Die Birken (weitere Arten die seltene Strauchbirke, *Betula humilis*, und die Zwergbirke, *Betula nana*), gehören der Familie der Haselnußgewächse an.
Vorkommen: Die Weißbirke ist an Waldrändern, auf Lichtungen, Brachland, an Straßen, Wegen, Gräben, in Feldgehölzen sowie in Parks und Gärten häufig. Die Moorbirke wird nur in sumpfigen, torfigen Standorten in Wäldern, Heiden und Mooren angetroffen.
Verwertbare Teile: Knospen und sich gerade entfaltende Blätter, Blüten und die Samen. Zweige mit Knospen, jungen Blättern, Kätzchen oder reifen Fruchtständen werden in die Voliere gehängt, für Hühnervögel so niedrig, daß sie sie vom Boden aus erreichen können.
Vogelarten: Die Mehrheit der Körnerfresser nehmen alle genannten Teile der Birken auf, von Prachtfinken über Zeisige und andere Finkenvögel bis hin zu Sittichen, Papageien und Hühnervögeln. Hier sind vor allem Auer-, Birk- und Rauhfußhühner dankbare Abnehmer.

Borretsch

Borago officinalis, auch Gurkenkraut genannt. Familie Rauhblättrige Gewächse. Höhe 30–60 cm. Blütezeit Mai bis September, himmelblau blühend. Die Samen sind von Juni bis Oktober reif vorzufinden.

Vorkommen: Wurde als Heil- und Würzpflanze aus dem Mittelmeerraum eingeführt. Ist heute fast überall an Wegen, auf Ödland und Schuttplätzen zu finden.
Verwertbare Teile: Halbreife bis reife Samen. Sie können mit Stengel aufgehängt werden.

Vogelarten: Viele Gimpelartige, auch Kardinäle, lassen sich die nüßchenartigen Samen schmecken.

Brennesseln

Große Brennessel *Urtica dioica.* Ist eine ausdauernde Pflanze mit einer Höhe von 30–150 cm. Blütezeit Juli bis September, grünblühend. Reifende Samen von August bis Oktober.
Kleine Brennessel *Urtica urens.* Im Gegensatz zur Großen Brennessel ist sie einjährig und hat eine Höhe von 10–60 cm. Blütezeit Mai bis November, grünblühend. Samenreife von Juni bis November/Dezember.

Die Brennesseln gehören der Familie der Nesselgewächse an.
Vorkommen: Brennesseln wachsen vor allem auf stickstoffreichem Boden und sind an Wegen, Ufern, Wald- und Feldrändern, auf Schuttplätzen, Brachland und in Gärten anzutreffen, oft in großen, reinen Beständen.
Verwertbare Teile: Zarte Blätter und Triebe sowie halbreife bis reife Samen. Die vitaminreichen Blätter werden gern für die Aufzucht von Jungvögeln

genutzt, vor allem der Küken. Kleingeschnitten oder gewiegt unter das Aufzuchtfutter gemischt, werden sie gern genommen. Die Samen können mitsamt der Pflanzen in die Voliere gehängt werden. Sobald die Blätter welken, brennen sie bei Berührung nicht mehr. Den Vögeln macht das Berühren ohnehin nichts aus.
Vogelarten: Das kleingeschnittene Grünzeug wird vor allem von den Küken der Wasservögel (Enten, Gänse, Schwäne) sowie der Hühnervögel (Wachteln, Fasane, Auer- und Birkwild und der Rauhfußhühner) genommen. Auch unter das Aufzuchtfutter aller anderen Körner- und Weichfresser kann es in kleiner Menge gemischt werden. Die Brennesselsamen sind bei allen Körnerfressern von Prachtfinken und Pfäffchen über Girlitze (auch Kanarien) bis Gimpfel und Kardinäle recht beliebt. Selbst Sittiche und kleinere Papageien finden Gefallen an den kleinen nußartigen Samen.

Brombeere

Rubus fruticosus. Familie Rosengewächse. Höhe bis 1,5 m. Blütezeit Juni/Juli, weißblühend. Die reifen Früchte sind rotschwarz und können von August bis in den Winter hinein geerntet werden.
Vorkommen: Wächst überall an Waldrändern, auf Lichtungen, an Ufern, Wegen und Feldrändern. Bildet oft undurchdringliche Hecken. Wird auch in Gärten als Nutzpflanze kultiviert.
Verwertbare Teile: Beeren in reifem Zustand. Sie sind sehr schmackhaft und vitaminreich und werden gern genommen. Vorsicht ist insofern geboten, als daß die Beeren einen dunkelroten Saft enthalten. Wenn die Vögel mit ihnen umherschleudern, kann die Umgebung bald viele rote Flecke aufweisen. Von Mai bis Juli gesammelte Blätter können getrocknet als Tee gegen Durchfall bei den Vögeln eingesetzt werden.
Vogelarten: Viele Körner- und Weichfresser von Finkengröße bis zu Großsittichen, Papageien, Drosseln, Beos und Tukanen nehmen sie gern.

Buchweizen

Fagopyrum esculentum, syn. *F. sagittatum.* Familie Knöterichgewächse. Einjährige Pflanze von 15–60 cm Höhe. Blütezeit Juli bis Oktober, weiß bis rötlich blühend. Die dreieckigen, scharfkantigen, bräunlichschwarzen Nüßchen sind von September bis November reif.

Vorkommen: Kommt aus Asien zu uns. Als Bienenweide (vor allem in der Lüneburger Heide), sowie als Mehlfrucht angebaut. Kommt an Waldrändern, in lichtem Wald sowie auf Brachland und Schuttabladeplätzen verwildert vor.
Verwertbare Teile: Halbreife bis reife Samen. Sie können mit der Pflanze zum Ausklauben oder als lose Körner gegeben werden. Sind als solche auch im Futtermittelhandel käuflich.
Vogelarten: Von einheimischen und fremdländischen Gimpelartigen sowie anderen größeren Körnerfressern bis hin zu Hühnervögeln, Sittichen und Papageien findet der Buchweizen Anklang.

Disteln

Krause Distel *Carduus crispus.* Stengel wollig behaart, mit krausen, weichen Stachelreihen. Blätter unterseits filzigweiß, stark fiederspaltig und kraus. Blütezeit Juli/August, purpurn, selten auch weiß blühend. Drei bis fünf der kleinen Blütenkörbchen stehen zusammen auf kurzen Stielen. Die Samenreife fällt in die Monate August und September. Höhe 60–150 cm.
Nickende Distel *Carduus nutans.* Sehr dornige, stark fiederspaltige Blätter. Die 4–5 cm großen, einzelstehenden Blütenköpfe sind zur Seite geneigt und haben sehr stachelige Hüllblätter. Sie sind purpurrot und blühen von Juli bis August. Reife Samen sind von August bis Oktober vorzufinden. Höhe 30–100 cm.
Wegdistel *Carduus acanthoides*, auch Stacheldistel genannt. Stengel und Blätter sehr dornig. Die zumeist einzeln sitzenden, gut 2 cm großen Blütenköpfe sind hellpurpurn. Die Blütezeit reicht von Juni bis Oktober, womit Samen von Juli bis November heranreifen. Höhe 30–100 cm.

Die hier beschriebenen Disteln sind zweijährige Pflanzen, während andere auch ausdauernde Stauden sein können. Alle gehören der Familie der Korbblütler an. Sie besitzen glatte Pappushaare, wodurch sie sich von denen der Kratzdisteln unterscheiden, die gefiederte Pappushaare aufweisen.
Vorkommen: Die Krause Distel ist vor allem an feuchten Plätzen wie Ufer, Auwälder, Waldränder, Gräben und Wegen zu finden. Die anderen Disteln wachsen eher an trockenen Feld- und Wegrändern, auf Brachland, Schutthalden, Böschungen und Hängen.
Verwertbare Teile: Halbreife und reife Samen. Die Distelköpfe werden gepflückt und der Pappus abgeschnitten, bevor die Haare sich ausgebreitet haben. Größere und festere Köpfe werden am besten durchgeschnitten, damit die Samen für die Vögel zugänglich sind. Das Einfrieren der Fruchtstände ist möglich.
Vogelarten: Fast alle Körnerfresser mögen die Samen der Disteln gern, vor allem in halbreifem oder gekeimtem Zustand. Samen können auch im Futtermittelhandel gekauft werden.

Eberesche

Sorbus aucuparia, auch Vogelbeere genannt. Familie Rosengewächse. Höhe bis 10 (16) m. Blütezeit Mai/Juni, weißblühend, reife Beeren von August/September bis in den Winter hinein, korallenrot.

Vorkommen: Wälder, Gehölze, Gebüsche, häufig an Straßen, in Parks und Gärten angebaut.
Verwertbare Teile: Die Beeren sind in frischreifem, tiefgefrorenem und auch in getrocknetem Zustand ein begehrtes Futter. Geschrotet werden sie den meisten Weichfuttermischungen zugesetzt. Sie enthalten neben Apfel- und Sorbinsäure sowie Pektin auch das Provitamin A und Vitamin C.
Vogelarten: Von heimischen Waldvögeln und exotischen Finkenvögeln über Weichfresser aller Größen bis hin zu Sittichen, Papageien, Tauben und

Nicht von ungefähr werden die Beeren der Eberesche Vogelbeeren genannt (siehe auch das Titelfoto).

Hühnervögeln werden Ebereschen von den meisten gern genommen. Nur die Prachtfinken, Webervögel, Sperlinge und Pfäffchen halten nicht viel von diesen erbsengroßen Beeren.

Efeu

Hedera helix. Immergrüner Strauch, der über 20 m hoch klettern und sehr alt werden kann. Blüht von August bis Oktober in hellgrünen Dolden. Die schwarzen Beeren sind erst im folgenden Jahr reif.

Vorkommen: Wächst in Wäldern an Bäumen, Felsen, auch auf dem Waldboden, ferner an Mauern, Gebäuden, in Gärten und auf Friedhöfen.
Verwertbare Teile: Blätter und reife Beeren.
Vogelarten: Nach Sabel fressen Fichtenkreuzschnabel und Kirschkernbeißer die Beeren, bestimmt auch einige ihrer exotischen Verwandten. Sie werden aber auch von heimischen wie exotischen Weichfressern, von Tauben und Rauhfußhühnern aufgenommen, vom Auerhuhn sogar die wintergrünen Blätter.

Eibe

Taxus baccata. Familie Eibengewächse. Höhe bis 15 m. Blütezeit Mai, gelbblühend, die dann korallenroten Früchte sind ab Ende August reif.

Vorkommen: In Laub- und Nadelwälder eingestreut, seltener Bestände bildend. Wird häufig in Gärten und Parks angepflanzt.
Verwertbare Teile: Reife Beeren.
Vogelarten: Die Beeren werden sowohl von heimischen wie exotischen Körnerfressern, vor allem von Gimpeln und Kernbeißern, sowie von vielen Weichfressern gern genommen. Das Fruchtfleisch der Eibensamen ist auch für uns genießbar, während die Samen selbst und alle anderen Pflanzenteile sehr giftig sind. De Grahl warnt davor, die Beeren Papageienvögeln zu geben.

Eichen

Roteiche *Quercus rubra.* Erreicht eine Höhe von 30 m. Die im Herbst scharlachrot färbenden Blätter können bis zu 20 cm lang werden. Blütezeit im Mai, gelbblühend. Die in flachen Bechern sitzenden Eicheln sind erst im Herbst des darauffolgenden Jahres reif. Sie besitzen eine ausgeprägt dornige Spitze.
Stieleiche *Quercus robur,* auch Sommereiche genannt. Wird über 40 m hoch. Blütezeit Mai, gelbblühend. Die walzenförmigen Eicheln sitzen auf langem Stiel und sind im September/Oktober reif.
Traubeneiche *Quercus petraea,* auch Stein- oder Wintereiche genannt. Kann 40 m hoch werden. Blütezeit Mai, gelbblühend. Die Früchte sitzen zu mehreren stiellos auf breiterer Basis und sind im September und Oktober reif.

Die Eichen gehören der Familie der Buchengewächse an.
Vorkommen: Die Stieleiche liebt feuchten, schweren Boden, weshalb

Am bekanntesten ist die Sommer- oder Stieleiche. Sie trägt ihre Früchte an langen Stielen.

sie in Auwäldern und Tiefland besonders häufig ist. Auch in Ebenen, vor allem aber im Hügel- und Bergland ist die Traubeneiche anzutreffen, da sie mit leichteren Böden auskommt. Die Roteiche stammt aus Nordamerika. Sie ist genügsam und schnellwüchsig, weshalb sie in unseren Wäldern angepflanzt wird. Wegen der schönen Blätter ist sie häufig in Parks und Anlagen zu sehen.

Verwertbare Teile: Zweige, Knospen, Früchte.

Vogelarten: Viele körnerfressenden Vögel mögen die Knospen, Sittiche und Papageien gelegentlich auch die Rinde der zarten Zweige. Eicheln werden von einigen Hähern und nahe verwandten Vögeln aufgenommen.

Erdbeere

Fragaria vesca. Familie Rosengewächse. Ausdauernde Staude mit einer Höhe von 8–15 cm in der Wildform, bis 30 cm bei kultivierten Pflanzen. Blütezeit Mai/Juni, bei wildwachsenden bis in den Herbst hinein, weißblühend. Reife der dann roten Scheinbeeren mit den zahlreichen Nüßchen im Juni/Juli, bei den wilden Erdbeeren entsprechend länger.

Vorkommen: Wild wächst die Erdbeere in Wäldern, an Waldrändern, in Gebüschen. Ist in vielen Sorten kultiviert und wird auf Feldern sowie in Gärten angepflanzt.
Verwertbare Teile: Reife Früchte, für kleinere Vögel auch zerschnitten und unter das Früchtemenü gemengt.
Vogelarten: Viele Weichfresser mögen Erdbeeren gern, besonders die kleinen Walderdbeeren, ebenso Täubchen manche Wellen- und Großsittiche sowie Papageien. Auch Kanarien und ihre Verwandten sowie Wachteln, Fasane und andere Hühnervögel finden Gefallen an ihnen.

Erlen

Schwarzerle *Alnus glutinosa.* Schnellwüchsiger, schlanker Baum mit einer Höhe bis zu 30 m. Blütezeit Februar/März, gelbgrün blühend. Reife Samen sind ab Oktober in den dann verholzenden Zapfen, fallen im Winter bis etwa Frühlingsbeginn bei Stürmen heraus.
Weißerle *Alnus incana*, auch Grauerle genannt. Bis 25 m hoher Baum mit silbergrauem, glattem Stamm. Blütezeit Februar bis April, grünlichgelb blühend. Samen sind ebenfalls im Herbst und Winter reif und sitzen in ähnlichen holzigen Zapfen.

Die Erlen gehören der Familie der Haselnußgewächse an.
Vorkommen: Die Schwarzerle ist sehr häufig in Auwäldern, Mooren, Sümpfen, überschwemmten Wiesen, an Flußufern, Teichen und Bachläufen zu finden. Die Weißerle liebt ebenfalls feuchte Biotope, bevorzugt aber Standorte im Hochland und Gebirge.
Verwertbare Teile: Zarte Triebe mit Knospen, Samen. Zweige können schon im Winter in Wasser gestellt werden, damit die Knospen dann schon schwellen. Diese und die Rinde werden aufgenommen. Erlensamen kann nur in kleiner Menge gereicht werden, indem zapfentragende Zweige in der Voliere befestigt werden. Manchmal sind größere Mengen Erlensamen im Futtermittelhandel erhältlich.
Vogelarten: An den Knospen »vergreifen« sich vor allem heimische wie fremdländische Zeisige, Stieglitze, Girlitze (auch der Kanarienvogel), Gimpel, Kernbeißer und auch Kardinäle. Diese Vögel wie auch die Kreuzschnäbel nehmen gern Erlensamen, zum Teil direkt aus den Zapfen, zum Teil herausgefallenen. Zarte Rinde knabbern vor allem Wellensittiche, Großsittiche und Papageien.

Esche

Fraxinus excelsior. Familie Ölbaumgewächse. Bis 40 m hoher Baum mit großer Krone. Blütezeit April/Mai, männliche wie weibliche Blüten violettbraun gefärbt. Die nußartigen Samen tragen lange Flügel und sind im September/Oktober reif.

Vorkommen: Liebt Auwälder, Fluß- und Bachufer. Auch im Hügel- und Bergland zu finden, wenn der Boden feucht und fruchtbar ist.

Ein Gewächs von beeindruckender Größe und Schönheit ist die Eselsdistel, die außerdem große Mengen Samen liefert.

Verwertbare Teile: Reife Samen.
Vogelarten: Alle Körnerfresser, die in der Lage sind, die harten Kerne zu knacken, mögen die Samen gern. Das beginnt bei Gimpeln, Kreuzschnäbeln, Kernbeißern, Kardinälen und reicht bis zu den Sittichen und Papageien.

Eselsdistel

Onopordum acanthium. Familie Korbblütler. Zweijährige Pflanze mit einer Höhe von 30–150 cm. Blütezeit Juli/August. Die Samen reifen von August bis Oktober.

Vorkommen: Ist verstreut an Bahndämmen, Wegrändern, in Weinbergen, Steinbrüchen, auf Mauern und trockenem, unbebautem Gelände zu finden.
Verwertbare Teile: Halbreife und reife Samen.
Vogelarten: Viele Körnerfresser von Gimpelartigen, Girlitzen und Zeisigen bis hin zu Großsittichen und Papageien mögen diese größeren Samen.

Faulbaum

Frangula alnus. Familie Kreuzdorngewächse. Baum oder Strauch von 1–6 m Höhe. Blütezeit Mai/Juni, grünlichweiß blühend. Die Beeren färben sich bei der Reife im August/September von grün über rot zu fast schwarz.

Vorkommen: Feuchte Waldgebiete und Gebüsche sowie Ufer sind seine bevorzugten Standorte.
Verwertbare Teile: Reife Früchte.
Vogelarten: Der heimische Kernbeißer sowie seine exotischen Verwandten schätzen die Beeren, ebenso Drosseln und andere größere Weichfresser.

Die Früchte des Faulbaums sind für uns Menschen giftig, für die Vögel dagegen nicht nur genießbar, sondern sogar schmackhaft.

Fenchel

Foeniculum vulgare. Familie Doldengewächse. Diese zwei- bis mehrjährige Pflanze erreicht eine Höhe von 80–200 cm. Blütezeit Juli bis Oktober, gelbblühend. Die Samen sind von September bis November reif.

Vorkommen: Wildwachsend im Süden Europas. Bei uns verwildert und auf Schuttplätzen, in Weinbergen, an Hängen und Bahndämmen zu finden. In verschiedenen kultivierten Sorten wird Fenchel angebaut, wobei die Samen zu Tees, das Kraut zum Würzen von Speisen, und die Knolle als gesundes Gemüse verwendet werden.

Verwertbare Teile: Reife Samen für Tees gegen Durchfall. Die Knollen können in Stücken als saftiges, gesundes Gemüse gereicht werden.
Vogelarten: Viele Kanarien, Wellensittiche, Unzertrennliche, Sperlingspapageien, Großsittiche und große Papageien nehmen den saftigen Fenchel gern. Andere Körnerfresser können mehr oder weniger schnell daran gewöhnt werden.

Die Beeren des Feuerdorns sind im Herbst und Winter gutes Zusatzfutter für viele Gefiederten.

Feuerdorn

Pyrantha coccinea. Familie Rosengewächse. Je nach Sorte kriechend bis 4 m hoch. Blütezeit Mai/Juni, weißblühend, reife Beeren von September/Oktober bis in den Winter hinein, je nach Sorte von gelb über orange bis rot.

Vorkommen: Wird als Zierstrauch in Gärten und Parks gepflanzt.
Verwertbare Teile: Beeren, sie können frisch mitsamt den Ästen gegeben werden. Tiefgefroren scheinen sie den Vögeln noch besser zu schmecken. Es lohnt sich, sie zu pflücken, wenn es wegen der dornigen Zweige auch etwas Mühe macht.
Vogelarten: Viele Körner- und Weichfresser von Kanariengröße an, auch Täubchen, Wachteln und andere Hühnervögel nehmen die Beeren unterschiedlich gern zu sich. Papageien und Großsittiche sind ganz begeistert von den Beeren des Feuerdorns.

Flieder

Syringa vulgaris. Familie Ölbaumgewächse. Strauch oder Baum, der bis zu 10 m hoch werden kann. Blütezeit Mai/Juni, weiß, rötlich, violett bis bläulich blühend. Die Samenkapseln sind von August bis Oktober reif.

Vorkommen: Stammt vom Balkan und wird bei uns als Zierpflanze in Gärten, Parks und Anlagen gepflegt. Kommt auch verwildert in Hecken, Feldgehölzen und auf Schuttplätzen vor.
Verwertbare Teile: Knospen und Sa-

men. Zweige können sehr zeitig im Frühjahr zum Austreiben der Knospen gebracht werden, wenn an warmem Platz in Wasser gestellt. Die in dichten Rispen endständigen Samenkapseln werden mit den Zweigen zum Ausknabbern gegeben.
Vogelarten: Viele heimische und exotische Körnerfresser verzehren die Knospen, auch Sittiche und Papageien. Die Samen sind vor allem bei Gimpelartigen beliebt.

Frauenmantel

Alchemilla vulgaris, auch Gemeiner- oder Wiesen-Frauenmantel, Taufänger und Wasserträger genannt. In den großen Blättern fangen sich die Tautropfen, was zu den Namen geführt hat. Familie Rosengewächse. Ausdauernde Pflanze, die eine Höhe von 10–30 cm erreicht. Blütezeit Mai bis Oktober, grünblühend. Die Samen reifen von Juli bis November.

Vorkommen: Ist auf feuchten, fetten Wiesen, an Waldrändern, in Gebüschen und lichten Wäldern, ferner auf nassen Schuttplätzen anzutreffen.
Verwertbare Teile: Die Samen, die wie kleine Nüsse aussehen, können mit der ganzen Pflanze gegeben werden. Manchmal wird auch an den jungen Blättern geknabbert. Diese können nach Trocknung als Tee gegen Durchfall gereicht werden.
Vogelarten: Vor allem heimische wie exotische Zeisige und Girlitze nehmen die Samen auf, manchmal auch Kanarienvögel und andere kleine Körnerfresser.

Flockenblumen

Bergflockenblume *Centaurea montana*. Höhe 30–70 cm. Blütezeit Juni, Scheibenblüten rotviolett, Randblüten blau. Die Blüten erreichen einen Durchmesser von 8 cm. Samenreife Juli/August.
Kornblume *Centaurea cyanus*. Höhe 30–60 cm. Blütezeit Juni/Juli, blaublühend. Reifende Samen im Juli/August.
Skabiosenartige Flockenblume *Centaurea scabiosa*. Höhe 30–150 cm. Blütezeit Juni bis Oktober, purpurn blühend. Die Samen sind von Juli bis November reif.
Wiesenflockenblume *Centaurea jacea*, auch Gemeine Flockenblume genannt. Höhe 10–120 cm. Blütezeit Juni bis Oktober, purpurn blühend. Reife Samen sind von Juli bis November vorhanden.

Die Flockenblumen und die Kornblume gehören der Familie der Korbblütler an. Während die Kornblume einjährig ist, sind die eigentlichen Flockenblumen mehrjährige Stauden.
Vorkommen: Die Bergflockenblume kommt auf Bergwiesen und Lichtungen der Mittelgebirge, der Voralpen und der Alpen vor. Sie wird häufig als Zierpflanze in Gärten angepflanzt. Die Kornblume, die aus Asien stammt, wird in und an Getreidefeldern gefunden. Die anderen Flockenblumen stehen an Wegen, Waldrändern, Hängen, Bahndämmen, auf Waldlichtungen, Wiesen und Schuttplätzen.
Verwertbare Teile: Halbreife und reife Samen. Am besten werden die ganzen

Ein gutes Futter bieten die Fruchtstände der Wiesenflockenblume. Mit Ausnahme der Kornblume ist sie am häufigsten zu finden.

Fruchtstände zu Sträußen zusammengebunden und in die Voliere gehängt oder gelegt.
Vogelarten: Heimische und exotische Zeisige, Girlitze, Gimpelartige, manche Prachtfinken, Webervögel, Pfäffchen, Farbfinken und Kardinäle nehmen die Samen gern, aber auch Wachteln und Fasane verschmähen sie nicht.

Gänseblümchen

Bellis perennis, auch Maßliebchen und, in veredelter Form als Zierpflanze für den Garten, Tausendschönchen genannt. Familie Korbblütler. Diese ausdauernde Pflanze wird nur 4–15 cm hoch. Blütezeit von März bis Oktober, weißblühend, Zuchtformen auch rosa oder rot. Reifende Samen sind von April bis November zu finden.

Vorkommen: Wächst überall auf Wiesen, Rasenflächen, an Wegen und, als Tausendschönchen, in Anlagen und Gärten.
Verwertbare Teile: Halbreife und reife Samen. Die kleinen Fruchtköpfe wer-

Die großen Samenköpfe der Sumpf-Gänsedistel geben eine Menge hervorragendes Futter her.

Von der Kohl-Gänsedistel sind nicht nur die Samenköpfe gutes Vogelfutter, sondern auch die jungen Blätter, die einen milchigen Saft enthalten.

den gepflückt und den Vögeln vorgelegt.

Vogelarten: Bis auf Papageien und Sittiche scheinen alle Körnerfresser die Gänseblümchensamen gern zu fressen.

Gänsedisteln, Milchdisteln

Acker-Gänsedistel *Sonchus arvense.* Blätter lanzettlich, grob gezähnt, am Stengel mit herzförmigen Öhrchen sitzend. Blütezeit Juli/August. Die goldgelben Blütenköpfe erreichen einen Durchmesser von 5 cm und sind damit weit größer als die der anderen Gänsedisteln, ebenso die sehr zahlreichen Samen, die von August bis Oktober reifen. Höhe 50–150 cm.

Kohl-Gänsedistel *Sonchus oleraceus.* Untere Blätter löffelartig, stachelspitzig gezähnt, obere mit zugespitzten Öhrchen den Stengel umfassend. Blütezeit Juni bis Oktober, hellgelb blühend. Reife Samen können von Juli bis November vorgefunden werden. Höhe 30–100 cm.

Sumpf-Gänsedistel *Sonchus paluster.* Blätter fiederspaltig mit tief pfeilförmigen Öhrchen den dicken, hohlen Sten-

gel umfassend. Blütezeit Juli bis September, wobei die vielen, gelben, etwa 3 cm großen Blüten auf langen Stielen sitzen. Die Samen sind von August bis Oktober reif. Höhe 80–300 cm.

Die Gänsedisteln gehören der Familie der Korbblütler an. Im Gegensatz zur Kohl-Gänsedistel, die einjährig ist, sind die anderen beiden Arten ausdauernde Stauden.
Vorkommen: Während Acker- und Kohl-Gänsedistel an Wegrändern, auf Feldern, Brachland, Baustellen und in Gärten anzutreffen sind, wächst die Sumpf-Gänsedistel in Sümpfen, an Ufern und auf feuchten Wiesen.
Verwertbare Teile: Junge Blätter, vor allem die der Kohl-Gänsedistel, werden als Grünfutter sehr gern genommen. Sie enthalten einen milchigen Saft, der ihnen den Namen Milchdistel eingebracht hat. Am wichtigsten sind die halbreifen und reifen Samen. Die Samenköpfe können tiefgefroren und im Winter verfüttert werden. Gleich nach der Ernte können die Samenhaare abgeschnitten werden, wie das beim Löwenzahn beschrieben ist. Für eine Anzahl von Vögeln sind sie je-

doch ein willkommenes Material zum Auspolstern der Nestmulde. Da diese einfachen Pappushaare auch nicht gar so leicht in der Voliere umherfliegen, können sie auch an den Samen gelassen werden.
Vogelarten: Die Samen der Gänsedisteln werden von allen körnerfressenden Vögeln gemocht, die Blätter von all denen, die Grünfutter wie Salat und anderes zu ihrer Nahrung zählen.

Ginster

Besenginster *Sarothamnus scoparius.* Strauch von 1–2 m Höhe. Blütezeit Mai/Juni, leuchtend gelb blühend. Reife Samen von August bis Oktober.
Deutscher Ginster *Genista germanica.* Zwergstrauch von 30–60 cm Höhe. Blütezeit Juni/Juli, gelbblühend. Die Samen in den kleinen Hülsen sind im August/September reif.
Färberginster *Genista tinctoria.* Dieser kleine, im Gegensatz zur vorigen Art, dornlose Strauch wird auch nur 60 cm hoch. Blütezeit Juni/Juli, gelbblühend. In den 3 cm langen Hülsen stecken ab August reife Samen.

Die Ginster-Arten gehören zur Familie der Schmetterlingsblütler.
Vorkommen: In lichten Wäldern, an Waldrändern, an Hängen und Wegen sowie auf Heideflächen und Ödland sind sie nicht selten.
Verwertbare Teile: Knospen, Samen.
Vogelarten: Einheimische wie exotische Gimpel, Kernbeißer, sowie Kernknacker nehmen die Knospen und auch die Samen zu sich. Letztere werden auch von Großsittichen, Papageien, Tauben und Hühnervögeln gemocht.

Goldruten-Arten

Echte Goldrute *Solidago virgaurea.* Traubiger aufrecht stehender Blütenstand. Höhe 60–100 cm. Blütezeit Juli bis Oktober, gelbblühend. Die Samen sind von August bis November reif.
Kanadische Goldrute *Solidago canadensis.* Die Blattunterseiten und der Stengel sind dicht behaart. Rispenartig zur Seite gebogene Blütenstände. Die Zungenblüten sind nicht länger als die Röhrenblüten. Höhe 50–250 cm. Blütezeit Juli bis Oktober, gelbblühend. Samenreife von August bis November.
Riesen-Goldrute *Solidago gigantea.* Wird häufig mit der vorigen Art verwechselt, hat jedoch die Blattunterseiten sowie den unteren Teil des Stengels kahl. Bei ihr ragen die Zungenblüten über die Röhrenblüten hinaus. Höhe 60–200 cm. Blütezeit August bis Oktober, sonst alles wie vorige Art. Beide Arten sind als Zierpflanzen von Nordamerika nach Europa gebracht worden und hier verwildert.

Die Goldruten-Arten gehören zur Familie der Korbblütler und sind ausdauernde Stauden.
Vorkommen: Während die Echte Goldrute trockene Standorte auf Hügeln, Kahlschlägen, in lichten Wäldern und Gebüschen liebt, sind die beiden »Einwanderer« an Ufern, in Auwäldern, auf Brachland und Gärten zu finden.
Verwertbare Teile: Halbreife bis vollreife Samen. Damit sie nicht zu schnell

Die bei uns jetzt häufigste Art ist die Riesengoldrute, die aus Nordamerika stammt.

welken, werden die ganzen Samenstände in Wasser gestellt. Die Vögel klettern gern darauf herum, während sie die Samen herausklauben.

Vogelarten: Exotische wie heimische Zeisige, Girlitze, Gimpelartige, Pfäffchen, Kardinäle und ihre Verwandten sowie Wachteln mögen die Samen gern. Für letztere müssen die Samenstände auf den Boden gelegt werden.

Gräser

Außer Ray- und die eigentlichen Rispengräser (siehe dort), sind noch eine Anzahl weiterer Süßgräser als Nahrung bei den Vögeln begehrt. Einige von ihnen sollen hier beschrieben werden. Sie sind allesamt ausdauernde Stauden.

Ruchgras *Anthoxanthum odoratum*. Höhe 30–60 cm. Blütezeit April bis August, reifende Samen von Mai bis September. Aufrechte Scheinähre, nicht walzenförmig wie bei den nächsten beiden Arten, sondern locker.

Wiesen-Fuchsschwanz *Alopecurus pratensis*. Höhe 30–100 cm. Blütezeit Mai bis Juli, reife Samen von Juni bis August.

Das Gemeine Knäuelgras hat derbere Samen.

Die feinen Samen der Rasenschmiele werden von kleinen Arten wie Prachtfinken, Pfäffchen und Girlitzen bevorzugt.

Wiesen-Lieschgras *Phleum pratense*, auch Timotheusgras genannt. Höhe 30–100 cm. Blütezeit Juli bis August, so daß seine Samen erst von August bis September reifen. Während die walzenrunde Scheinähre des Fuchsschwanzes unten zugespitzt ist, ist die des Lieschgrases an beiden Enden stumpf.

Gemeines Knäuelgras *Dactylis glomerata*, auch Knaulgras genannt. Höhe 10–120 cm. Blütezeit Mai/Juni, Reifezeit Juni bis August. Zu erkennen an den Ährchen, die dichte Knäuel bilden.

Schafschwingel *Festuca ovina*. Höhe 12–30 cm. Blütezeit Juni bis Oktober, reife Samen von Juli bis November. Ähnlich sind auch der Rotschwingel, Festuca rubra, Höhe bis 100 cm, und der Wiesenschwingel, Festuca pratensis, der sogar 120 cm hoch wird, aber nur im Juli und August reift.

Rasenschmiele *Deschampsia caespitosa*. Höhe 30–150 cm. Blütezeit Juli bis September, Reifezeit August bis Oktober.

Vorkommen: Die hier genannten Gräser sind fast überall an Wald-, Feld-

und Wegrändern sowie auf unbebautem Gelände zu finden. Einige lieben feuchtere, andere dagegen trockenere Orte.
Verwertbare Teile: Samen in allen Reifestadien. Die Gräser werden insgesamt in die Vogelbehausung gehängt.
Vogelarten: Wie Ray- und Rispengräser nehmen fast alle körnerfressenden Vögel die Samen sehr gern an.

Habichtskraut

Doldiges Habichtskraut *Hieracium umbellatum.* Höhe 30–130 cm. Blütezeit Juli bis September. Die Samen sind von August bis Oktober reif.
Kleines Habichtskraut *Hieracium pilosella*, auch Gemeines Habichtskraut genannt. Höhe 8–30 cm. Blütezeit Mai bis September, reifende Samen sind von Juni bis Oktober vorhanden.
Waldhabichtskraut *Hieracium sylvaticum.* Höhe 20–60 cm. Blütezeit Mai/Juni, Samenreife Juni/Juli.
Wiesenhabichtskraut *Hieracium caespitosum.* Höhe 30–100 cm. Blütezeit Mai bis August. Die Samen sind von Juni bis September reif.

Alle Habichtskräuter sind ausdauernd, gelbblühend, und gehören zur Familie der Korbblütler.
Vorkommen: Alle beschriebenen Arten lieben Waldränder, lichten Wald, Schneisen und Gebüsche, und zwar sandige, trockene Standorte. Nur das Wiesenhabichtskraut macht eine Ausnahme. Bei ihm muß der Boden feucht sein. Es bevorzugt neben Waldrändern vor allem Feldwege, Grabenränder und Wiesen.
Verwertbare Teile: Blüten und die halbreifen bis reifen Samen werden aufgenommen. Die ganzen Blüten- und Fruchtköpfe können gereicht werden. Da die Flughaare der Samen recht klein sind, stören sie in der Vogelbehausung kaum. Sie werden von manchen Vögeln zum Auspolstern der Nestmulde verwendet.
Vogelarten: Prachtfinken, Pfäffchen, Zeisige, Girlitze und weitere kleinere Körnerfresser nehmen die Samen gern. Manche von ihnen sowie einige Weichfresser mögen die Blüten, vor allem die Staubgefäße.

Hartriegel

Gelbblühender Hartriegel *Cornus mas*, auch Kornelkirsche oder Gelber Hornstrauch genannt. Strauch von 2–6 m Höhe. Blütezeit April/Mai, goldgelb blühend. Die kirschartigen, aber kleineren roten Steinfrüchte sind im August reif.
Roter Hartriegel *Cornus sanguinea.* Wird 1–5 m hoch. Blütezeit Mai/Juni, weißblühend. Die in Trugdolden stehenden schwarzen Beeren sind im August/September reif.

Diese Sträucher gehören der Familie der Hartriegelgewächse an.
Vorkommen: Sie sind in Hecken und lichten Laubwäldern zu finden, die Kornelkirsche besonders häufig auch als Zierstrauch in Parks, Anlagen und Gärten.
Verwertbare Teile: Reife Beeren.
Vogelarten: Viele kleine bis große Körner- und Weichfresser verzehren die Beeren gern. Von den Kernbeißern

und einigen anderen Gimpelartigen wird das Fruchtfleisch jedoch achtlos fallengelassen und nur der Stein geknackt. Viele Tauben und manche Hühnervögel mögen die Beeren auch.

Haselnuß

Corylus avellana. Familie Haselnußgewächse. Strauch von 2–4 m Höhe. Blütezeit Februar/März, gelbblühend. Reifen der Nüsse im September/Oktober.

Vorkommen: An Waldrändern, als Unterholz in Wäldern, auch in Feldgehölzen, Hecken, Gärten.

Verwertbare Teile: Knospen, Blüten, Früchte und Rinde. Die Knospen und Blüten (in Form von Kätzchen) erscheinen in der Natur oft schon im Februar und können, in der warmen Wohnung mit den Zweigen in Wasser gestellt, noch ein bis zwei Monate früher sprießen. Im Käfig oder in der Voliere in Zweighalter gesteckt, können Knospen, Blüten und Rinde gleichzeitig gefressen werden. Die Haselnüsse sind als Ganzes oder als Kerne anzubieten.

Vogelarten: Knospen und Blüten sind bei vielen Körnerfressern, die Blüten auch bei einigen Weichfressern beliebt. An der Rinde der Zweige nagen vor allem Sittiche und Papageien, von denen die größeren auch die Nüsse knacken.

Heckenrose

Rosa canina, auch Hundsrose oder Heiderose genannt. Familie Rosengewächse. Höhe bis 4 m. Blütezeit Juni, rosablühend. Die Hagebutten sind von August bis Oktober reif und zeigen sich dann von leuchtendroter Farbe.

Vorkommen: Im lichten Wald, auf Waldblößen, am Waldrand, in Gebü-

Während die anderen Arten dieser Gattung schon früh reifen, können die Samenstände des Doldigen Habichtskrauts noch bis in den November hinein geerntet werden.

schen häufig zu finden. Verschiedene Zuchtformen werden als Hecken oder Einzelgebüsche in Parks, Gärten und in den Grünanlagen der Städte gepflegt.
Verwertbare Teile: Die als Hagebutten bekannten Früchte oder Beeren sind für die meisten Vögel eine Delikatesse. Kleineren Körner- wie Weichfressern können sie fein zerhackt unter das Futter gemischt werden, bei größeren genügt es, sie durchzuschneiden. Großsittiche und Papageien bekommen sie dagegen als ganze Früchte. Hagebutten können oft in so großer Zahl geerntet werden, daß der Bedarf für das ganze Jahr eingefroren werden kann.
Vogelarten: Nahezu alle heimischen Finkenvögel sowie Drosseln, Seidenschwänze und andere Weichfresser nehmen sie gern. Allen Vögeln, die wir pflegen, sind Hagebutten ein sehr vitaminreiches, begehrtes Futter.

Heidekrautgewächse

Bärentraube *Arctostaphylos uva-ursi*, auch Gemeine oder Immergrüne Bärentraube genannt. Höhe 30–100 cm. Blütezeit April bis Juli, hellrosa blühend. Die Beeren sind von Mai bis August reif und sehen dann rot aus.
Besenheide *Calluna vulgaris*, auch einfach Heidekraut genannt. Höhe 20–90 cm. Blütezeit August bis Oktober, blaßrosa blühend. Reife der Samen von September bis November.
Glockenheide *Erica tetralix*. Höhe 20–70 cm. Blütezeit von Juli bis September, rot, manchmal auch weiß blühend. Von August bis Oktober sind die zahlreichen kleinen Samen reif.
Heidelbeere *Vaccinium myrtillus*, auch Bickbeere, Blaubeere oder Schwarzbeere genannt. Höhe 15–50 cm. Blütezeit Mai/Juni, hellgrün blühend. Die Beeren sind im Juli/August reif und sehen dann blauschwarz und bereift aus.
Moorbeere *Vaccinium uliginosum*, auch Trunkelbeere genannt. Höhe 20–100 cm. Blütezeit von Mai bis Juli, rosa oder auch weiß blühend. Die schwarzblauen Beeren sind von Juli bis August reif. Sie sind größer als die Heidelbeeren und nicht bereift.
Moosbeere *Vaccinium oxycoccus*. Kriechende, bis 80 cm lange Äste. Blütezeit Mai bis Juli, purpurrot blühend. Die dunkelroten Beeren sind im Juli/August reif.
Preiselbeere *Vaccinium vitis-idaea*, auch Kronsbeere genannt. Höhe 10–30 cm. Blütezeit Mai/Juni, weiß oder rosa blühend. Beeren rot, reif von Juli bis September.

Alle hier genannten Pflanzen sind Zwergsträucher, gehören zur Familie der Heidekrautgewächse und können erhebliches Alter erreichen. Manche von ihnen bilden Ernährungsgemeinschaften mit Pilzen.
Vorkommen: Saurer Boden, Moore, Nadel- und Mischwälder sowie Sandflächen werden von allen Heidekrautgewächsen bevorzugt. Die Bärentraube ist vor allem im Osten, die Preiselbeere im Norden häufig. Moor- und Moosbeere sind in den Alpen, im Jura und im Schwarzwald besonders häufig, die Besenheide in der Lüneburger Heide. Vielfach bestehen auch Gemeinschaften mehrerer dieser Arten.

Die Preiselbeeren werden wir bei uns fast überall von angebauten Pflanzen pflücken müssen.

Verwertbare Teile: Zarte Triebe, reife Samen und Beeren.
Vogelarten: Heimische wie exotische Weichfresser nehmen die Beeren oft gern. Auch einige Finkenvögel mögen die Beeren und die Samen. Beides ist auch bei den Tauben und vor allem bei den Rauhfußhühnern wie Auer- und Haselhuhn besonders begehrt. Diese verzehren auch die jungen Triebe.

Himbeere

Rubus idaeus. Familie Rosengewächse. Strauch von 1–2 m Höhe, der von Mai bis August weiß blüht und in dieser Zeit laufend rote, also reifende Beeren hervorbringt.

Vorkommen: Im lichten Wald und in Feldgehölzen häufig, ferner in verschiedenen Zuchtformen in Gärten angepflanzt.
Verwertbare Teile: Reife Beeren.
Vogelarten: Die Beeren werden von heimischen wie exotischen Gimpeln und anderen Finkenvögeln, von Wellensittichen, Papageien, Tauben, manchen Hühnervögeln und von vielen Weichfressern gern angenommen.

Hirse

Bluthirse *Digitaria sanguinalis*, auch Blut-Fingerhirse genannt. Höhe 10–60 cm. Blütezeit Juli bis Oktober, purpurrot blühend. Reife Samen in den fingerartigen Scheinähren von Juli bis November.
Echte Hirse *Panicum miliaceum*. Höhe 50–100 cm. Blütezeit Juli/August, purpurrot blühend. Samenreife August bis Oktober.
Hühnerhirse *Panicum crus-galli*. Höhe 20–70 cm. Blütezeit Juni bis August, gelbgrün blühend. Die Samen sind von Juli bis Oktober reif.

Die Hirsearten gehören der Familie der Süßgräser an und sind einjährige Pflanzen.
Vorkommen: Sie sind auf Äckern, Brachland, Schuttplätzen, an Feld- und Wegrändern sowie als »Unkräuter« in Gärten zu finden. Die Echte Hirse stammt wahrscheinlich aus Indien. Sie und die heimischen wie die importierten Hirsearten können mit gutem Erfolg im Garten angebaut werden. Sie sollten nicht vor den Eisheiligen (Mitte Mai), oder unter Folie ausgesät werden. Ist ihr Standort geschützt und sonnig, reifen die meisten auch in unserem Klima bis zum Herbst aus. Besonders lohnend ist die Rote Kolbenhirse, doch eignen sich auch die anderen Hirsearten.
Verwertbare Teile: Halbreife bis reife Samen. Die Rispenstengel werden zusammengebunden und so aufgehängt, daß die Vögel die Samen gut erreichen können, am besten von einem verzweigten Futterholz aus. Bei großem Angebot oder lohnender Ernte können die Rispen im Ganzen tiefgefroren werden.
Vogelarten: Fast alle Körnerfresser von Prachtfinken und Pfäffchen bis zu Großsittichen und Papageien, Täubchen, Wachteln und Fasane sind begeisterte Abnehmer, vor allem der noch nicht voll ausgereiften Hirse.

Hirtentäschelkraut

Capsella bursa-pastoris, Familie Kreuzblütler. Ein- bis zweijährige Pflanze mit einer Höhe von 20–40 cm. Blütezeit von März bis Oktober. Weißblühend. Samen in den verschiedensten Reifegraden sind die ganze Zeit über bis November vorhanden.

Vorkommen: Kommt fast überall an Wegrändern, auf Brach- und Ödland sowie in Gärten und an Feldrändern häufig vor. Ist durch seine herzförmigen Schötchen unverwechselbar.
Verwertbare Teile: Samen mitsamt den Schoten, aber auch die grünen Schoten, in denen sich noch kaum Samen gebildet haben. Die ganzen Pflanzen werden gebündelt in die Voliere gehängt oder in Wasser gestellt.
Vogelarten: Fast alle Girlitze, der Kanarienvogel eingeschlossen, mögen das Hirtentäschelkraut sehr gern. Auch die Gimpelartigen sprechen ihm in der Regel gut zu. Ferner sind Prachtfinken, Kardinäle und ihre Verwandten, auch Wachteln und andere Hühnervögel sowie Wellensittiche und sogar Großsittiche und Papageien dankbare Abnehmer, wenn manchmal auch erst nach einer Gewöhnungszeit.

Das bei fast allen Vögeln beliebte Hirtentäschelkraut bietet von April bis in den November grüne und reife Schötchen.

Hohlzahn

Ackerhohlzahn *Galeopsis ladanum.* Höhe 15–50 cm. Blütezeit Juli bis Oktober, purpurrot blühend. Die Samen sind von August bis Ende Oktober reif.
Bunter Hohlzahn *Galeopsis speciosa,* auch Bunte Hanfnessel genannt. Höhe 60–100 cm. Blütezeit Juli/August, gelbblühend, Unterlippe überwiegend violett. Reife Samen sind von August bis Oktober vorhanden.
Gelber Hohlzahn *Galeopsis segetum,* auch Saathohlzahn oder Bleiche Hanfnessel genannt. Höhe 10–50 cm. Blütezeit Juli bis September, schwefelgelb blühend. Von August bis Oktober sind die Samen reif.
Gemeiner Hohlzahn *Galeopsis tetrahit,* auch Hanfnessel genannt. Höhe 30–60 cm. Blütezeit Juli bis Oktober, rot oder weiß blühend.
Die Samen reifen von August bis November.

Alle Hohlzahn-Arten sind einjährige Pflanzen und gehören zur Familie der Lippenblütler.
Vorkommen: Nur der Bunte Hohlzahn mag feuchten Boden, sonst wie die anderen in lichten Wäldern, Gebüschen, an Wegen, auf Schuttstellen und Brachland anzutreffen.
Verwertbare Teile: Halbreife bis vollreife Samen. Sie können in den ganzen Pflanzen gereicht werden.
Vogelarten: Heimische wie fremdländische Finkenvögel mögen die Samen. Ob andere Vögel sie auch nehmen, muß ausprobiert werden.

Hopfen

Humulus lupulus. Familie Hanfgewächse. Ausdauernde, zweihäusige Schlingpflanze mit bis zu 5 m langen rechtsdrehenden Ranken. Blütezeit Juli/August, blaßgrün blühend. Samenreife von September bis November.

Der Bunte Hohlzahn und seine Verwandten erinnern stark an die Taubnesseln.

Hopfensamen fallen, ähnlich wie die der Nadelholzbäume, bei der Reife aus den Zapfen.

Vorkommen: Liebt feuchte Standorte in Auwäldern, im Ufergebüsch der Flüsse und Bäche und in Hecken. Wird zur Gewinnung der weiblichen Blüten angebaut.
Verwertbare Teile: Reife Samen. Sie können an den Trieben in den zapfenartigen Scheinähren aufgehängt werden.
Vogelarten: Von Zeisigen und Gimpelartigen bis zu Papageienvögeln nehmen recht viele die Samen auf.

Huflattich

Tussilago farfara, auch Brustlattich genannt. Familie Korbblütler. Er ist eine mehrjährige Pflanze mit einer Höhe von 8–30 cm. Blütezeit Februar bis April, gelbblühend. Halbreife und reife Samen im März/April.

Vorkommen: Besonders auf lehmigem oder kalkhaltigem Boden an Weg- und Straßenrändern, auf Dämmen, Böschungen, Schuttstellen, Ödland, in Steinbrüchen und in Gärten.
Verwertbare Teile: Blüten, halbreife bis reife Samen. Die Blüten- und Samenköpfe werden den Vögeln vorgelegt, letztere nach Abschneiden der Flughaare.
Vogelarten: Fast alle Körnerfresser, von Prachtfinken bis Papageien und Fasane, nehmen die Samen gern, viele auch die Blüten.

Hungerblümchen

Erophila vulgaris, auch Frühlingshungerblümchen genannt. Familie Kreuzblütler. Höhe 5–15 cm. Blütezeit März bis Mai, weißblühend. Reife der Samen, die in elliptischen Schoten stekken, von April bis Juni.

Vorkommen: Auf trockenen Wiesen und Hängen, an Wegen und Feldern, stets nur auf mageren Böden.
Verwertbare Teile: Blüten, grüne Schoten, halbreife bis reife Samen. Die Pflanzen werden im Ganzen in die Vogelbehausung gehängt.
Vogelarten: Von den kleinsten bis zu den größten Körnerfressern nehmen alle ein wenig von dieser Pflanze. Manchen Weichfressern munden die winzigen Blüten.

Kamille-Arten

Echte Kamille *Matricaria chamomilla*. Höhe 15–40 cm. Blütezeit Mai bis August, weißblühend. Blütenboden kegelförmig und hohl. Typisch duftende Blüten. Samenreife von Juli bis September.
Geruchlose Kamille *Matricaria maritima*, auch Falsche Kamille genannt. Höhe 25–60 cm. Blütezeit Mai bis Oktober, weißblühend. Blüten duften nicht oder nur ganz schwach. Ferner an größerem, halbkugeligem, nicht hohlem Blütenboden von der Echten Kamille zu unterscheiden. Die Samen reifen von Juni bis November.
Strahllose Kamille *Matricaria matricarioides*. Höhe 15–30 cm. Blütezeit Juni bis August, grünblühend. Reifende Samen von Juli bis September.

Alle Kamille-Arten sind einjährige Pflanzen und gehören der Familie der Korbblütler an.

Vorkommen: Sie sind an Wegen, auf unbebauten Grundstücken, Schuttabladeplätzen, Feldern und als »Unkraut« in Gärten zu finden.
Verwertbare Teile: Halbreife und reife Samen. Am besten werden die ganzen Pflanzen gebündelt und in der Voliere aufgehängt.
Vogelarten: Heimische Finkenvögel, exotische Girlitze, Gimpelartige sowie Farbfinken und Kardinäle nehmen die Samen mit unterschiedlicher Begeisterung. Manchmal naschen auch Prachtfinken, Webervögel und Wellensittiche daran. Zwergwachteln sind beim Auflesen heruntergefallener Samen beobachtet worden.

Klappertopf-Arten

Großer Klappertopf *Rhinanthus serotinus.* Höhe 20–45 cm. Blütezeit Mai bis August, gelbblühend. Reife der Samen von Juni bis September. Sie klappern dann beim Schütteln in ihren trockenen Kapseln.
Kleiner Klappertopf *Rhinanthus minor.* Höhe 5–50 cm. Blütezeit Mai bis September, gelbblühend. Samenreife von Juni bis Oktober. Auch bei ihm lö-

Deutlich sind hier die Samenkapseln und Blüten des Großen Klappertopfes zu erkennen.

sen sich die Samen dann von ihren Stielen und klappern in den »Töpfen«.

Die Klappertopf-Arten gehören der Familie der Rachenblütler an. Sie sind einjährige Pflanzen.
Vorkommen: Auf eher feuchten Wiesen, an Weg- und Feldrändern, meistens gesellig.
Verwertbare Teile: Die halbreifen bis reifen Samen werden in ihren »Klappertöpfen« mit dem vertrocknenden Kraut in die Voliere gelegt oder gehängt. Die Töpfe öffnen sich, werden aber auch von den Vögeln aufgebissen.
Vogelarten: Die Samen werden von heimischen und exotischen Finkenvögeln gefressen.

Klee-Arten

Hasenklee *Trifolium arvense*, auch Ackerklee genannt. Einjährige Pflanze von 8–30 cm Höhe. Blütezeit Juli bis September, zuerst weiß, dann zartrosa blühend. Reife Samen von August bis Oktober.
Honigklee *Melilotus officinalis*, auch Echter Steinklee genannt. Zweijährige Pflanze von 30–100 cm Höhe. Blütezeit Juli bis September, gelbblühend. Die Samen reifen von August bis Oktober.
Rotklee *Trifolium pratense*, auch Wiesenklee genannt. Mehrjährige Staude mit einer Höhe von 20–50 cm. Blütezeit von Mai bis September, fleischrot blühend. Samen sind von Juni bis Oktober zu finden.
Weißklee *Trifolium repens*, auch Kriechklee genannt. Mehrjährige Pflanze, die kriechende Ausläufer von 5–30 cm Länge hat. Blütezeit von Mai bis Oktober, weißblühend. Die Samen sind von Mai bis November reif.

Diese und weitere, aber seltenere, Klee-Arten gehören zur Familie der Schmetterlingsblütler.
Vorkommen: Auf Wiesen und Waldlichtungen, an Wegen, Böschungen und Feldrändern sind die Klee-Arten zu finden. Der Rotklee wird außerdem in verschiedenen Sorten als Viehfutter und zur Samengewinnung angebaut.
Verwertbare Teile: Blüten und zarte Blätter können in kleiner Menge als Grünfutter gereicht werden. Die Samen können mitsamt der verblühten Köpfe gesammelt oder in Samenhandlungen erstanden werden.
Vogelarten: Die nektarreichen Blüten und die zarten Blätter werden von vielen Körnerfressern aufgenommen, von manchen Prachtfinken, Zeisigen und anderen Finkenvögeln bis hin zu Sittichen und Papageien. Die Samen sind ebenfalls bei allen genannten Vögeln beliebt, wenn auch nicht so sehr bei den großen Arten. Dafür gehören sie bei Täubchen, den Wachteln und ihren Verwandten zu den Lieblingssamen.

Kletten

Große Klette *Arctium lappa*. Sie unterscheidet sich von den anderen Kletten durch ihre bedeutendere Höhe von 50 bis zu 300 cm. Ferner haben bei ihr die zumeist in Dolden zusammenstehenden großen Blütenköpfe viele grüne Hüllblätter mit einwärts gekrümmten Haken.

Die Samen der Großen Klette schmecken den Vögeln genau so gut wie die der Disteln.

Kleine Klette *Arctium minus*, auch Kleinköpfige Klette genannt. Bei ihr sind die hakenbesetzten Hüllblätter bräunlichrot. Die Blüten sitzen vereinzelter.
Höhe 60–100 cm.
Filzige Klette *Arctium tomentosum*. Dicht filzige Hüllblätter umgeben die mit 1,5 bis 2,5 cm Durchmesser recht kleinen Blütenköpfe.
Höhe 60–150 cm.

Die Kletten gehören zur Familie der Korbblütler und sind zweijährige Pflanzen. Sie blühen alle purpurrot von Juli bis September. Reifende Samen von August bis Oktober.
Vorkommen: Sie wachsen an Wegen, Zäunen, Feld- und Waldrändern, auf Schuttstellen und Ödland.
Verwertbare Teile: Halbreife und reife Samen. Damit die Vögel, vor allem die kleineren, an die Samen gelangen, sollten die Fruchtstände aufgeschnitten werden.
Vogelarten: Alle kleinen bis großen Körnerfresser, auch Hühnervögel wie Wachteln und Fasane, nehmen die Klettensamen gern. Nur Papageien und Sittiche verschmähen sie meist.

Überall in Gärten findet sich der Gemeine Knöterich, der auch als Flohkraut bekannt ist.

Knautien

Ackerknautie *Knautia arvensis*, auch Acker-Witwenblume genannt. Höhe 30–60 cm. Blütezeit Mai bis Oktober, blaß rötlichviolett blühend. Die Samen reifen von Juni bis November heran. (Foto S. 7).

Waldknautie *Knautia sylvatica*, auch Wald-Witwenblume genannt. Höhe 30–120 cm. Blütezeit Juli bis September, rötlichviolett blühend. Reife Samen sind von August bis Oktober vorhanden.

Die Knautien sind ausdauernde Stauden und gehören zur Familie der Kardengewächse.

Vorkommen: Der Standort beider Arten sind trockene Hänge, Wiesen, Wald- und Wegränder.

Verwertbare Teile: Halbreife und reife Samen. Die Fruchtköpfe können abgestrippt und in Näpfen angeboten, oder mit Stengel in die Käfige oder Volieren gehängt werden. Sie treten manchmal so massenhaft auf, daß sie für die Wintermonate eingefroren werden können.

Vogelarten: Heimische wie fremdländische Finkenvögel mögen die Samen in der Regel sehr gern. Bei anderen Vögeln, vor allem bei Großsittichen und Papageien, unterschiedlich begehrt.

Knöterichgewächse

Ampferblättriger Knöterich *Polygonum lapathifolium*. Höhe 30–100 cm. Blütezeit Juli bis September, rosa oder weiß blühend. Reifende Samen von August bis Oktober.

Gemeiner Knöterich *Polygonum persicaria*, auch Pfirsichblättriger-, Flohknöterich oder Flohkraut genannt. Höhe 30–100 cm. Die schmalen »Pfirsichblätter« sind oft schwarz gefleckt. Blütezeit Juli bis September, weiß bis rosa blühend. Samenreife von August bis Oktober.

Vogelknöterich *Polygonum aviculare*. Länge 10–50 cm, da Bodenkriecher. Blütezeit von Juli bis Oktober, weiß, rosa oder rot blühend. Die schwarzbraunen, dreikantigen Samen sind von August bis November reif.

Diese und eine Reihe weiterer Arten gehören der Familie der Knöterichgewächse an. Sie sind alle nur einjährige Pflanzen.

Vorkommen: Alle drei Arten werden in Gärten, an Wegen und Gräben, auf Äkkern, Brachland und Schuttplätzen angetroffen, der Vogelknöterich sogar

Nicht überall ist die Kleinblütige Königskerze zu finden.

auf Wegen, zwischen Straßenpflaster und Wegeplatten.
Verwertbare Teile: Vom Vogelknöterich werden auch Blätter und Blüten, von allen besonders die nußartigen Samen gern genommen. Am besten werden die Pflanzen insgesamt in die Käfige und Volieren gegeben, aufgehängt an einem Klettergerüst. Für die Wachteln und Fasane werden sie auf den Boden gelegt.
Vogelarten: Sämtliche heimische und exotische Finkenvögel, auch der Kanarienvogel, Sperlinge, Webervögel, Prachtfinken, Kardinäle, Farbfinken und Pfäffchen nehmen die Samen oder die ganzen Pflanzen gern. Auch Wachteln, Fasane, der Wellensittich, Großsittiche und Papageien verschmähen sie selten.

Königskerzen

Großblütige Königskerze *Verbascum densiflorum*, auch Große Königskerze oder Wollkraut genannt. Hat große graugrüne, weißlich-filzige Blätter, die bis zum aufrechten Stiel herablaufen und ein abgerundetes Ende haben. Die fast rund wirkenden Blüten haben einen Durchmesser von 3–4 cm, Höhe der Pflanze bis 2 m.
Kleinblütige Königskerze *Verbascum thapsus*. Ihre stengellosen Blätter sind filziggrün und lanzettlich zugespitzt. Die Blüten mit nur 2 cm Durchmesser sitzen in Büscheln am aufrechten Stiel, der eine Höhe bis 2,20 m erreichen kann.
Schwarze Königskerze *Verbascum nigrum*, hat oberseits kahle, unterseits nur wenig filzige Blätter, die ei- bis herzförmig und gestielt sind. Die 2–3 cm großen Blüten haben auffallende rotviolette, wollige Staubgefäße. Höhe der Pflanze 60–120 cm.

Die Königskerzen gehören zur Familie der Rachenblütler. Sie blühen von Juli bis August bzw. bis September und sind alle gelbblühend. Ihre kleinen Samen sind von August bis September reif.
Vorkommen: Diese zweijährigen Pflanzen wachsen an Weg- und Feldrändern, auf Waldlichtungen und Brachland, an sonnigen, trockenen Hängen, auf Geröllhalden und Schuttabladeplätzen, in Sandgruben und dem Schotter der Flußufer.
Verwertbare Teile: Samen in halbreifem und reifem Zustand. Diese stekken in großer Zahl in den eiförmigen Kapseln. Am besten werden die Pflanzenteile mit den Samenkapseln in die Volieren gehängt, so daß die Vögel sie leerklauben können. Bei einem sehr großen Angebot an Samen können diese auch nach völliger Reifung aufbewahrt und zu anderen Jahreszeiten verfüttert werden, auch als Zusatz zu einer Körnerfuttermischung.
Vogelarten: Vor allem Zeisige, Girlitze (zu denen auch der Kanarienvogel gehört) und Gimpelartige nehmen die Samen der Königskerzen gern, ferner werden sie von vielen Großsittichen gemocht.

Körnersteinbrech

Saxifraga granulata, auch Körniger Steinbrech genannt. Familie Steinbrechgewächse. Ausdauernde Staude,

Als einzige Art hat die Kohl-Kratzdistel weiße Blüten. Sie wird deshalb oft mit der Kohl-Gänsedistel verwechselt, die jedoch gelb blüht.

die 15–30 cm hoch wird. Blütezeit Mai/Juni, weißblühend. Die Samen in den Kapseln reifen im Juni/Juli.

Vorkommen: Während alle anderen Steinbrechgewächse nur im Gebirge wachsen, kommt dieser auch im Flachland vor. Er gedeiht an Wald- und Wiesenrändern, an Wegen und Gräben, auf grasigem Brachland und an Hängen.
Verwertbare Teile: Blüten und Samen. Sie werden mit der ganzen Pflanze in die Voliere gehängt.
Vogelarten: Girlitze (auch Kanarien) sowie viele andere kleine und größere Körnerfresser (sogar Sittiche und Papageien) nehmen die Samen, aber auch die Blüten zu sich, wie Georg A. und Gisela Radtke feststellen konnten. Sicher werden die Samen auch von Wachteln gemocht. Die Blüten könnten auch bei vielen Weichfressern Anklang finden.

Krähenbeere

Empetrum nigrum. Familie Krähenbeergewächse. Zwergstrauch, etwa 30–50 cm hoch. Blütezeit Mai bis Juli, rosablühend. Die knapp erbsengroßen, runden Beeren sind bei der Reife im August/September glänzend schwarz.

Vorkommen: Wächst in Mittelgebirgen und den Alpen auf saurem Moor- und Heideboden, oft in großen Beständen.
Verwertbare Teile: Reife Beeren.
Vogelarten: Rauhfußhühner, Stare und andere größere Weichfresser.

Kratzdisteln

Acker-Kratzdistel *Cirsium arvense*, auch Feld-Kratzdistel genannt. Höhe 60–125 cm. Blütezeit Juli/August, lilarot blühend. Blütenkörbchen klein, nur 1,5–2 cm im Durchmesser. Samen 4 mm lang mit 3 cm langen, fiedrigen Haaren von weißlich-gelber Farbe, Reife ab August.
Lanzenblättrige Kratzdistel *Cirsium vulgare*, auch Speerdistel genannt. Lange, zugespitzte Blätter mit starken End- und Seitendornen. Höhe 60–125 cm. Blütezeit Juni bis September,

purpurrot blühend. Blütenkörbchen mit 3 cm Durchmesser recht groß. Samen wie die der Acker-Kratzdistel, 5 mm lang, reif ab Juli.
Kohl-Kratzdistel *Cirsium oleraceum*, Blätter stengelumfassend, weich, auch die Dornen. Höhe 50–150 cm. Blütezeit Juni bis September, gelblichweiß, Samenreife von Juli bis Oktober.
Sumpf-Kratzdistel *Cirsium palustre.* Krause, dornige, fiedergeteilte Blätter. Höhe 30–200 cm. Blütezeit August bis Oktober, purpurrot blühend. Reife Samenstände von August bis November. Samen mit 3 mm Länge recht klein.

Neben den genannten sind noch weitere Kratzdisteln zu finden. Alle gehören der Familie der Korbblütler an. Von den beschriebenen Arten sind Akker- und Kohl-Kratzdistel mehrjährige Stauden, die Lanzenblättrige- und die Sumpf-Kratzdistel dagegen nur zweijährig.
Vorkommen: Am häufigsten und fast überall von Äckern über Wegränder und Gärten bis zu Schuttplätzen ist die Acker-Kratzdistel zu finden, die Lanzenblättrige kommt mehr an Waldrändern, an Triften und auf Ödland vor, die Sumpf-Kratzdistel an feuchten Plätzen wie Ufern, Auwiesen und Sümpfen.
Verwertbare Teile: Halbreife und reife Samen. Die Fruchtstände müssen gepflückt werden, bevor sich der Pappus öffnet. Diese Flughaare werden sofort mit der Schere abgeschnitten. Die Fruchtstände können frischreif gereicht, aber auch für den Winter tiefgefroren werden.

Die bitter schmekkenden Blätter der Brunnenkresse munden den Vögeln offenbar besonders gut.

Vogelarten: Die meisten gimpelartigen Vögel sowie Kernknacker, Kardinäle und andere größere Körnerfresser sind für die Samen der Kratzdisteln mit Begeisterung zu haben.

Kresse

Brunnenkresse *Rorippa nasturtium-aquaticum.* Ausdauernde Pflanze von 15–50 cm Höhe. Blütezeit Mai bis August, weißblühend. Bildet kleine Samen in Schoten aus, die von Juli bis Oktober reif sind.

Sowohl im Frühjahr wie im Herbst blüht das Frühlingskreuzkraut, das durch seine großen Randblüten auffällt.

Dem Gemeinen Kreuzkraut fehlen die Randblüten gänzlich. Dies ist sein bestes Erkennungszeichen.

Gartenkresse *Lepidium sativum*, auch Salatkresse oder einfach Kresse genannt. Einjährige Pflanze von 20–40 cm Höhe. Blütezeit Mai/Juni, weiß oder rötlich blühend. Kleine Samen in 6 mm langen Schötchen, reif von Juni bis August.

Die Kresse-Arten gehören zur Familie der Kreuzblütler.
Vorkommen: Die Brunnenkresse wächst in fließenden Gewässern mit sauberem Wasser. Die Gartenkresse ist schon vor unserer Zeitrechnung aus Vorderasien nach Europa gebracht worden. Sie wird gewerblich und in Gärten angebaut.
Verwertbare Teile: Beide Kresse-Arten werden ihrer zarten, vitaminreichen Blättchen wegen an die Vögel verfüttert. Die Gartenkresse kann im Garten oder auf der Fensterbank herangezogen werden. Den Vögeln wird sie unter das Keim-, Weich- oder Aufzuchtfutter gemischt oder in Töpfen zum Abgrasen gegeben.
Vogelarten: Alle Körnerfresser, ob kleine oder große, nehmen die Kresse in der Regel gern. Frucht- und Insektenfressern kann sie feinzerschnitten unter das Früchtemenü bzw. das Weichfutter gemischt werden.

Kreuzkraut-Arten

Frühlingskreuzkraut *Senecio vernalis*. Einjährige Pflanze von 20–40 cm Höhe. Blütezeit im Mai/Juni und von September bis November, gelbblühend. Die Samen reifen im Juni/Juli und Oktober/November.
Gewöhnliches Kreuzkraut *Senecio vulgaris*. Ebenfalls nur einjährig mit einer Höhe von 15–30 cm. Blütezeit April bis Oktober, gelbblühend. Nur Röhrenblüten vorhanden, keine Rand- oder Strahlenblüten. Reife Samen sind von Mai bis November vorhanden.

Jakobskreuzkraut *Senecio jacobaea.* Diese 30–100 cm hohe Pflanze ist zweijährig. Sie blüht von Juli bis September, goldgelb blühend. Samen sind von August bis Oktober zu finden.
Klebriges Kreuzkraut *Senecio viscosus.* Ähnelt am meisten dem Gewöhnlichen Kreuzkraut, ist wie dieses einjährig, aber klebrig-drüsig behaart. Höhe 15–50 cm. Blütezeit von Juni bis Oktober, hellgelb blühend. Die Samen reifen von Juli bis November.
Raukenblättriges Kreuzkraut *Senecio erucifolius.* Ausdauernde Staude von 30–120 cm Höhe. Blütezeit Juli bis September, gelbblühend. Samenreife von August bis Oktober.

Die Kreuzkraut-Arten gehören der Familie der Korbblütler an.
Vorkommen: Äcker, Brachland und Gärten sind die Standorte der beiden erstgenannten Arten. Die übrigen drei Arten bevorzugen Waldränder, sonnige Raine, Gebüsche auf sandigem oder kalkhaltigem Boden, vor allem im Süden Deutschlands.
Verwertbare Teile: Blätter, Blüten, Samen. Das Grün des Gewöhnlichen und des Jakobskreuzkrauts wird zu Heilzwecken verwertet. Es ist für uns Menschen in hoher Dosierung giftig. Für die Vögel scheint es jedoch verträglich zu sein. Damit es lange frisch bleibt, werden die Pflanzen in Wasserbehältern in die Volieren gestellt.
Vogelarten: Allen Körnerfressern von Prachtfinken und Gimpelartigen bis zu Sittichen, Papageien, Täubchen und Hühnervögeln schmecken die einen oder anderen Teile der Kreuzkräuter.

Kugeldistel

Echinops sphaerocephalus. Familie Korbblütler. Diese ausdauernde Staude erreicht eine Höhe von 50–200 cm. Blütezeit Juli/August, stahlblau blühend. Reifezeit der Samen August bis Oktober.

Vorkommen: An Hängen, Bahndämmen, Straßenböschungen, in Steinbrüchen und auf unbebautem Gelände ist sie in kleinen Gruppen zu finden, ferner als Zierpflanze in Gärten und Parks.
Verwertbare Teile: Halbreife und reife Samen. Am besten werden die Pflanzenköpfe in die Voliere gehängt oder zerteilt auf den Käfigboden gelegt.
Vogelarten: Wie die der eigentlichen Disteln und die der Kratzdisteln werden die Samen von Kernbeißern, Gimpelartigen und anderen größeren Körnerfressern angenommen.

Leinkraut

Efeublättriges Leinkraut *Linaria cymbalaria*, auch Zymbelkraut genannt. Ist eine ausdauernde Staude, die kriechende Ausläufer von 30–60 cm Länge hat. Blütezeit Mai bis Oktober, hellviolett blühend. Die zahlreichen und winzigen Samen reifen in Kapseln von Juni bis November.

Leinkraut *Linaria vulgaris* auch Gemeines Leinkraut, Kleines Löwenmaul oder Frauenflachs genannt. Ebenfalls ausdauernd und 30–60 cm hoch, aufrechtstehend. Blütezeit Juni bis September, gelbblühend. Die Kap-

Kugeldisteln wachsen nur hier und da an steinigen Stellen wild. Sie werden jedoch gern in Gärten angepflanzt.

seln mit den winzigen Samen sind von Juli bis Oktober reif.

Beide Leinkräuter gehören zur Familie der Rachenblütler.
Vorkommen: Das Gemeine Leinkraut ist sehr häufig an Straßen-, Weg- und Feldrändern, an Bahndämmen, Flußufern sowie auf Äckern, Ödland und unbebauten Grundstücken zu finden. Das Zymbelkraut wächst dagegen an Mauern und Felsen. Es ist als Zierpflanze aus Südeuropa bei uns eingeführt worden, inzwischen total verwildert und heimisch geworden.

Verwertbare Teile: Halbreife bis reife Samen. Sie werden am besten mit den grünen oder abtrocknenden Pflanzenteilen in der Voliere aufgehängt.
Vogelarten: Exotische wie einheimische Zeisige und Girlitze sowie andere kleine Körnerfresser nehmen die winzigen Samen oder halbreif die ganzen Kapseln zu sich.

Liguster

Ligustrum vulgare, auch Rainweide genannt. Familie Ölbaumgewächse. Höhe bis 5 m. Blütezeit Juni/Juli, weiß

Das Leinkraut, auch Kleines Löwenmaul genannt, fällt durch sein leuchtendes Gelb auf, mit dem es Straßenränder und Dämme verschönt.

bis gelblich blühend. Die (für uns giftigen) Beeren sind ab September reif und bleiben auch den Winter über am Strauch. Sie sehen dann blauschwarz aus.

Vorkommen: In lichten Wäldern, Gebüschen, Hecken, an Wegen, Ufern und Hängen, häufig auch in Gärten und Anlagen, zumeist als Hecke gepflanzt.
Verwertbare Teile: Reife Beeren.
Vogelarten: Einige heimische Körner- und Weichfresser nehmen die reifen Beeren. Sie können auch exotischen Arten angeboten werden, denn giftig scheinen sie für keine Vögel zu sein.

Linden

Sommerlinde *Tilia platyphyllos*, auch Großblättrige Linde genannt. Ein stattlicher Baum mit einer Höhe von 20–30 m. Blütezeit Juni/Juli, hellgelb blühend. Die nußartigen Samen sind im August reif.
Winterlinde *Tilia cordata*, auch Kleinblättrige Linde genannt. Sie erreicht ebenfalls eine Höhe bis zu 30 m. Blütezeit im Juli, hellgelb blühend. Die kleineren Nüßchen reifen im September. In der Familie der Lindengewächse sind diese Bäume zusammengefaßt.
Vorkommen: Beide Linden sind sowohl in Laubmischwäldern zu finden, als auch in Alleen, Parks, Dörfern und an markanten Punkten angepflanzt worden.
Verwertbare Teile: Reife Samen, zarte Zweige.
Vogelarten: Für die harten Nüsse interessieren sich der heimische Kernbeißer und seine exotischen Verwandten, ferner Großsittiche und Papageien. Letztere beknabbern auch gern die Zweige.

Löwenmaul

Feldlöwenmaul *Antirrhinum orontium*. Einjährige Pflanze von 15–30 cm Höhe. Blütezeit Juni bis August, rosenrot blühend. Reife Samen sind von Juli bis September vorhanden.
Großes Löwenmaul *Antirrhinum majus*, auch Gartenlöwenmaul genannt. Ein- bis mehrjährig, bei einer Höhe

Die hier blühende Winterlinde unterscheidet sich durch ihre kleineren Blätter von der Sommerlinde.

von 20–70 cm. Blütezeit von Juni bis Oktober, von weiß über elfenbeinfarben und rosa bis purpurrot blühend. Samenreife von Juli bis November.

Die Löwenmaul-Pflanzen gehören der Familie der Rachenblütler an.
Vorkommen: Das Feldlöwenmaul ist auf Äckern, Schuttplätzen, an Wegen, in Gärten und Weinbergen zu finden. Das Große Löwenmaul stammt aus dem Mittelmeerraum und wird in vielen Farben in Gärten angepflanzt.
Verwertbare Teile: Halbreife bis reife Samen. Diese werden aus den kleinen Kapseln gepickt. Am besten die ganze Pflanze in der Voliere aufhängen.
Vogelarten: Heimische wie exotische Stieglitze, Zeisige und Girlitze.

Löwenzahn-Arten

Herbstlöwenzahn *Leontodon autumnalis.* Höhe 15–50 cm. Blütezeit Juni bis Oktober, goldgelb blühend. Die Samenreife ist von Juli bis November.
Löwenzahn *Taraxacum officinale,* auch Kuh-, Puste- oder Butterblume genannt. Sie erreicht eine Höhe von 10–50 cm. Blütezeit von April bis Sep-

Als Zierpflanze ist das Große Löwenmaul in Gärten zu finden.

tember, gelbblühend. Reife Samen vor allem sofort nach der Hauptblütezeit April/Mai, vereinzelt dann bis zum Oktober/November.

Rauher Löwenzahn *Leontodon hispidus.* Höhe 15–30 cm. Blütezeit von Juni bis Oktober, gelbblühend. Von Juli bis Ende Oktober sind reife Samen vorhanden.

Alle Löwenzahn-Arten sind ausdauernde Stauden und werden zur Familie der Korbblütler gezählt.

Vorkommen: Die Löwenzahn-Arten werden auf Wiesen, Feldern, Brachland, an Ufern, Wegrändern, Straßen- und Bahndämmen, im lichten Wald, sowohl im Flachland wie auch an Hängen und im Gebirge, ferner als »Unkraut« in Gärten zahlreich angetroffen.

Verwertbare Teile: Blätter in allen Entwicklungsstadien. Anfangs nur wenige Blätter geben, da der Vogelorganismus auf plötzlich zu große Mengen des milchigen Saftes mit Durchfall reagieren kann. Samen: Sobald sich die gelben Blüten schließen und die welken Blütenblätter abstoßen, ist nur ganz kurz vor dem Öffnen zur »Pusteblume«

Sammelzeit für die Blütenköpfe. Sie enthalten viele Samen, die je nach Reifegrad grün, gelbbraun bis schwarzbraun sein können. Um die Ausbreitung der Flughaare in Käfig, Voliere und Wohnung zu vermeiden, werden sie sofort dicht über dem Samenstand abgeschnitten. Frisch oder einige Tage im Kühlschrank aufbewahrt eignen sich die Samen für die alsbaldige Verfütterung. Getrocknet oder tiefgefroren können die Löwenzahn-Samenköpfe zu jeder Jahreszeit gereicht werden, vor allem im Winter. Wurzeln: Die langen Pfahlwurzeln werden ausgegraben und frisch gereicht.
Vogelarten: Fast alle Vögel nehmen die Blätter und die Samenstände gern an. Für die Aufzucht heimischer Finken und südamerikanischer Zeisige sind die halbreifen Samen fast unentbehrlich. Einige Papageien mögen die Wurzeln, die nur in kleinen Mengen ab und an gereicht werden sollten.

Mahonie

Mahonia aquifolium. Familie Sauerdorngewächse. Immergrüner Strauch von 50–100 cm Höhe. Blütezeit April/Mai, gelbblühend. Die blauen, bereiften Beeren sind im August/September reif.

Vorkommen: Die Heimat der Mahonie ist Nordamerika. Bei uns wird sie in Stadt- und Parkanlagen sowie in Gärten gepflanzt.
Verwertbare Teile: Reife Beeren.
Vogelarten: Zahlreiche Weichfresser und manche Tauben mögen die Beeren.

Mehlbeere

Sorbus aria, auch Mehlbirne, Weiß- und Silberbaum genannt. Familie Rosengewächse. Ein 5–15 m hoher Baum, der im Mai/Juni weiß blüht. Die roten Scheinfrüchte enthalten zwei Samenkerne und reifen im August/September.

Vorkommen: Wildwachsend ist die Mehlbeere an sonnigen Hängen der Bergwälder anzutreffen, wenn auch nirgends häufig. Sie wird gern in Parkanlagen und Gärten gepflanzt, wo sie mit den Blüten wie mit den Beeren ein Schmuck ist.
Verwertbare Teile: Reife Beeren.
Vogelarten: Der heimische Gimpel sowie exotische Gimpelartige nehmen die Mehlbeeren, wobei sie es jedoch mehr auf die darin enthaltenen Kerne abgesehen haben, denn das Fruchtfleisch wird häufig achtlos fallengelassen. Auch Papageien, Sittichen, Tauben, Hühnervögeln und Weichfressern können die Beeren angeboten werden.

Melde-Arten

Gartenmelde *Atriplex hortensis.* Höhe 30–130 cm. Blütezeit Juli/August, grünblühend. Reife der Samen August bis Oktober.
Spießmelde *Atriplex hastata.* Höhe 30–100 cm. Blütezeit Juli bis September, grünblühend. Von August bis Oktober sind die Samen reif.

Die Melden gehören zu den Gänsefußgewächsen und sind einjährig.

Vorkommen: An Wegen und Ufern, auf Äckern, Schuttstellen und Brachland. Die aus Asien stammende Gartenmelde wurde früher häufiger, heute nur noch selten, wegen ihrer saftigen Blätter angepflanzt.
Verwertbare Teile: Reife Samen. Sie können mit der ganzen Pflanze in die Voliere gehängt werden.
Vogelarten: Fast alle körnerfressenden Vögel nehmen die Samen ganz gern zu sich.

Mispeln

Echte Mispel *Mespilus germanica.* Dorniger Strauch von 1–6 m Höhe. Blütezeit Mai/Juni, weißblühend. Die 3 cm große, bei Reife braune Scheinfrucht enthält in Kapseln eingebettet fünf weißliche Samen, die im September reif sind.
Zwergmispel *Cotoneaster tomentosa,* auch Filzige Steinmispel genannt. Wird 1–2 m hoch, hat keine Dornen, jedoch behaarte Zweige und filzige Blütenstiele. Blütezeit April/Mai, weißblühend. Die Scheinfrüchte sind rot und ab Juli reif.

Diese und weitere Mispelarten gehören zur Familie der Rosengewächse.

Vorkommen: Während die Zwergmispel in den Alpen wildwachsend ist, stammt die Echte Mispel aus Asien. Beide und eine Reihe weiterer Arten werden gern in Gärten, Parkanlagen und Gehölzen angepflanzt.
Verwertbare Teile: Knospen, Beeren oder nur die Samen in den Kernen.
Vogelarten: Von Kernbeißern, Gimpelartigen und anderen größeren Körnerfressern werden vor allem die Kerne genommen, von manchen Weichfressern auch die Beeren der Cotoneaster-Arten.

Den Mehlbeerbaum können wir von den Weißdorn-Büschen an den größeren Blättern und dem grauweiß gefleckten, glatten Stamm unterscheiden.

Vor allem auf Rübenäckern ist die Spießmelde anzutreffen. Sie braucht tiefen, fruchtbaren Boden.

Die Zwergmispel wird in verschiedenen Sorten in Gärten gepflegt. Sie bringt in jedem Herbst reichlich Beeren.

Mohn

Klatschmohn *Papaver rhoeas.* Höhe 30–60 cm. Blütezeit Mai bis Juli, oft auch im Herbst, scharlachrot blühend. Kapseln mit vielen kleinen Samen, die bei der Reife im Sommer und Herbst schwarz aussehen.
Sandmohn *Papaver argemone.* Höhe 15–30 cm. Blütezeit Mai bis Juli, dunkelrot blühend. Die blauschwarzen Samen sind im Juli/August reif.
Schlafmohn *Papaver somniferum.* Höhe 60–120 cm. Blütezeit Juni bis August, purpurrot oder weiß blühend, mit schwarzem oder violettem Fleck am Grunde des Blütenkelchs. Die vielen bläulich-grauen Samen reifen in den Schüttkapseln von Juli bis zum Oktober.

Alle Mohnarten sind einjährige Pflanzen und gehören zur Familie der Mohngewächse.
Vorkommen: Der Schlafmohn stammt aus dem Orient und wird zur Ölgewinnung und als Zierpflanze im Garten gepflanzt. Die beiden anderen Arten sind als Getreideunkraut, an Feldrändern, Wegen, auf Ödland, Schuttplätzen und in Gärten zu finden.
Verwertbare Teile: Reife Samen. Die Kapseln werden den Vögeln geöffnet vorgelegt oder die Samen ohne Kapseln in Näpfen geboten.
Vogelarten: Fast alle kleinen und großen Körnerfresser nehmen den Mohn meistens gern, ferner eine Anzahl von Weichfressern ebenfalls. Für viele Zeisige, Girlitze (auch den Kanarienvogel) sowie weitere Arten, denen ölhaltige Saaten ein Bedürfnis sind, gehört

der Mohn zum »täglich Brot«. Anderen ist er ein Heilmittel und wird nur bei Unpäßlichkeit, vor allem bei Durchfall, aufgenommen.

Nachtkerze

Oenothera biennis, auch Zweijährige Nachtkerze genannt. Familie Nachtkerzengewächse. Im ersten Jahr treibt sie nur eine Blattrosette aus der hellrot überlaufenen, möhrenartigen Wurzel, im zweiten Jahr einen kräftigen Stengel von 60–150 cm Höhe. Blütezeit Juni bis September, gelbblühend. Die rundlichen Samen sind von August bis Oktober reif.

Vorkommen: Auf verwilderten, sandigen Plätzen, auf Schutt- und Steinhalden, an Bahndämmen, Straßenböschungen und in Gärten. Ist zu Beginn des 17. Jahrhunderts aus Amerika eingewandert.
Verwertbare Teile: Halbreife und reife Samen. Die ganzen Samenstände können aufrecht in einem sand- oder steingefüllten Behälter in Käfig oder Voliere gestellt werden. Die Vögel fressen die Samenkapseln gern leer.

Mehr der blauschwarzen Samen bieten die Kapseln des Schlafmohns.

Fast ebenso kleine, dunkle Samen wie der Mohn bietet die Nachtkerze in großer Zahl dar.

Vogelarten: Heimische und exotische Finkenvögel, vor allem die südamerikanischen Zeisige nehmen die Samen sehr gern. Aber auch viele andere Vögel, nicht zuletzt Großsittiche, haben eine Vorliebe für die kleinen schwarzbraunen Samen, die in großen Mengen in den Kapseln stecken.

Nadelhölzer

Fichte *Picea abies*, auch Rottanne genannt. Höhe bis 60 m. Kurze, vierkantige Nadeln. Blütezeit Mai, männliche Blüten unscheinbar grün, weiblicher Blütenzapfen rot, aufrechtstehend. Fruchtzapfen hängend, aus dem im nächsten Frühjahr die geflügelten Samen herausfallen. Dann lösen sich aber auch die ganzen Zapfen, die meistens noch größere Samenmengen enthalten.

Kiefer *Pinus sylvestris*, auch Föhre genannt. Höhe bis 40 m. Lange Doppelnadeln. Blütezeit Mai, männliche Blüten auffallend gelb mit großen Pollenmengen, weibliche Blüten klein und rot. Aus den Zapfen fallen erst im dritten Jahr die geflügelten Samen. Dann lösen sich auch die entleerten Zapfen.

Küsten-Douglasie *Pseudotsuga menziesii*, auch Douglastanne genannt. Höhe bis 50 m. Nadeln sind ca. 3 cm lang, weich und nicht stechend. Blütezeit April/Mai, männliche Blüten gelbgrün, weibliche klein und rosa. Die Zapfen fallen mit den Samen im Herbst ab.

Lärche *Larix decidua*. Höhe bis 40 m. Hat kurze, weiche Nadeln, die in Büscheln sitzen und im Herbst abfallen. Blütezeit von März bis Juni, männliche Blüten gelbgrün, weibliche Blüten rot. Die kleinen Zapfen fallen im darauffolgenden Frühjahr zusammen mit den Samen ab.

Weißtanne *Abies alba*, auch Edeltanne genannt. Höhe bis 55 m. Fällt durch die weißliche Färbung der Rinde auf. Nadeln kurz und steif. Blütezeit Mai, männliche Blüten gelb, weibliche schon als kleine Zapfen aufrechtstehend, gelbgrün.

Wenn die Samen nach einem Jahr reif sind, fallen sie einzeln zusammen mit der jeweiligen Zapfenschuppe herunter.

Im Frühjahr, wenn frische Nadeln treiben, öffnet die Lärche ihre Zapfen und gibt die Samen frei.

Vom Natterkopf sind nur die Samen ein gutes Vogelfutter.

Diese wichtigsten und weitere Nadelhölzer gehören der Familie der Kieferngewächse an.

Vorkommen: Sie sind überall im Flach- wie im Bergland zu finden, die Weißtanne allerdings nur im südlichen Teil Deutschlands. Die Küsten-Douglasie wurde 1828 aus Nordamerika eingeführt und gedeiht bei uns, wie in ihrer kalifornischen Heimat, am besten in der Nähe des Meeres.

Verwertbare Teile: Knospen, Nadeln, Rinde, Samen. Werden Zweige mit Knospen oder Nadeln als Sitzgelegenheiten in die Vogelbehausung gegeben, dann werden sie von vielen Vögeln regelrecht abgeweidet, auch die Rinde. Samen können in den Zapfen zum Ausklauben gereicht werden. Sie sind im Futtermittelhandel häufig auch zum Verkauf vorrätig.

Vogelarten: Nadeln der Douglasien und der Lärchen werden von manchen Prachtfinken, vor allem aber von Zeisigen, Girlitzen, Gimpelartigen und vielen anderen Körnerfressern gern genommen. Die Nadeln der Kiefern sind ein wichtiges Nahrungsmittel für Auerhühner, die der übrigen Nadelhölzer auch für die anderen Rauhfußhühner.

Die Rinde wird vor allem von Sittichen und Papageien gemocht, auch von Kernbeißertimalien. Nadelholzsamen sind bei allen Körnerfressern beliebt, in deren Ernährung ölhaltige Samen eine Rolle spielen. Spechte, Kreuzschnäbel und viele Papageien pulen sie am liebsten selbst aus den Zapfen.

Natterkopf

Echium vulgare, auch Gemeiner Natterkopf genannt. Familie Rauhblättrige Gewächse. Einjährige Pflanze von 30–100 cm Höhe. Blütezeit von Juni bis September, von anfänglichem Rosenrot ändert sich die Blütenfarbe nach Azurblau. Samenreife von Juli bis Oktober.

Vorkommen: Auf Ödland, Schuttplätzen, Trockenwiesen, Bahndämmen und an Wegrändern ist der Natterkopf nicht selten.
Verwertbare Teile: Halbreife bis reife Samen. Sie werden mit der ganzen Pflanze angeboten, die am besten aufgehängt wird.
Vogelarten: Zeisige, Girlitze, Gimpel, Farbfinken, Kardinäle und weitere

Die Ochsenzunge und ihre Verwandten müssen wir auf trockenem, sandigem Boden suchen.

Körnerfresser bedienen sich an den Samen des Natterkopfes.

Ochsenzungen

Ackerochsenzunge *Lycopsis arvensis*, auch Krummhals genannt. Einjährige Pflanze von 15–45 cm Höhe. Blütezeit Mai bis Oktober, blaublühend. Die nüßchenartigen Samen sind von Juni bis November reif.
Gemeine Ochsenzunge *Anchusa officinalis*. Zwei- bis mehrjährige Pflanze, die eine Höhe von 30–100 cm erreicht. Blütezeit Mai bis September, die Blütenfarbe wechselt mit dem Älterwerden von rot über violett bis violettblau. Samenreife von Juni bis Oktober.

Wegen ihrer fast stacheligen Behaarung sind die Ochsenzungen der Familie der Rauhblättrigen Gewächse zugeordnet.
Vorkommen: Beide Arten wachsen auf sandigen, trockenen Wiesen, Feldern, Brachland, Schuttplätzen, an Wegen, Straßen- und Bahndämmen.
Verwertbare Teile: Halbreife bis reife Samen. Sie können mit Stengel aufgehängt werden.
Vogelarten: Heimische wie fremdländische Zeisige, Gimpelartige, aber auch Kardinäle mögen die Samen gern. Sie sollten auch allen anderen Körnerfressern gereicht werden.

Pappeln

Espe *Populus tremula*, auch Aspe oder Zitterpappel genannt. Wird bis 30 m hoch. Hat rundliche Blätter mit sehr langem Stiel, die beim geringsten Lufthauch zittern (Name). Blütezeit März, in beiden Geschlechtern graugrün blühend. Die Samen sind im Mai/Juni reif.
Kanadische Pappel *Populus canadensis*. Sie erreicht eine Höhe von 20 m. Ihre Blätter sind sehr groß und fast dreieckig. Blütezeit April. Die männlichen Blüten sind rötlich, die weiblichen gelbgrün. Im Juni sind die Samen reif.
Schwarzpappel *Populus nigra*. Höhe bis 30 m. Die Blätter ähneln denen der Kanadischen Pappel, sind jedoch kleiner und nicht so ausgeprägt dreieckig.

Blütezeit April, männliche Blüten rot, weibliche Blüten gelbgrün. Samenreife im Juni.
Silberpappel *Populus alba*. Wird bis zu 30 m hoch. Ihre auf der Unterseite silbrigweißen Blätter sind gelappt. Blütezeit im März/April, männliche Blüten rot, weibliche grünlich. Reife der Samen schon im Mai.

Die Pappeln sind zweihäusig wie die Weiden und gehören auch zur Familie der Weidengewächse. Die Blüten beider Geschlechter sind wegen der Windbestäubung jedoch zu Kätzchen ausgebildet.
Vorkommen: Die Espe kommt überall in Wäldern und Gehölzen vor und braucht keinen so feuchten Boden wie die anderen Pappeln. Diese gedeihen in Auwäldern und werden an Ufern und Wegen angepflanzt. Die Kanadische Pappel wurde 1742 nach Europa gebracht und wird wegen ihrer Raschwüchsigkeit häufig gepflanzt.
Verwertbare Teile: Die Samen, die aber bei der Reife mit großen Mengen watteähnlichen Flughaaren aus den Kapseln brechen. Diese werden zwar gern von vielen Vögeln zum Auspolstern des Nestes genommen, fliegen aber auch störend in Käfig und Voliere herum.
Vogelarten: Alle heimischen und exotischen Finkenvögel nehmen die Samen gern, ferner viele Prachtfinken und Pfäffchen.

Pippau-Arten

Pippau *Crepis capillaris*, syn. *C. virens*, auch Grüne Feste genannt. Einjährige Pflanze von 15–100 cm Höhe. Blütezeit Juni/Juli, goldgelb blühend. Reife der Samen von Juli bis September.
Wiesenpippau *Crepis biennis*, auch Wiesenfeste genannt. Ist eine zweijährige Staude mit einer Höhe von 30–120 cm. Blütezeit von Mai bis September, goldgelb blühend. Die Samen sind von Juni bis November reif.

Die Pippau-Arten sind Angehörige der Korbblütler-Familie.
Vorkommen: Auf Wiesen, an Wegen, Waldrändern, Straßen- und Bahndämmen, auf Brachland und Schuttplätzen sowie in Gärten.
Verwertbare Teile: Halbreife bis reife Samen. Die Samenköpfe können mit der ganzen Pflanze in die Käfige und Volieren gegeben werden. Sie sind etwas klein, lassen sich aber auch gut pflücken und bei großem Vorkommen für spätere Verwendung tiefgefrieren.
Vogelarten: Von Prachtfinken, Zeisigen, Girlitzen bis zu Großsittichen, Papageien, Tauben und Hühnervögeln mögen viele die Samen.

Platane

Platanus × hybrida, ist in England als Bastard aus der Orientalischen und der Amerikanischen Platane gezüchtet worden und hat sich als sehr widerstandsfähig erwiesen. Sie wird wegen ihrer Blattform auch Ahornblättrige Platane genannt. Familie Platanengewächse. Wird bis 30 m hoch. Blütezeit Mai, männliche Blüten gelbgrün, weibliche Blüten rot. Die kugeligen Fruchtstände lösen sich im folgenden Früh-

jahr auf, wobei die vielen Nüßchen herabfallen.

Vorkommen: Wird als Einzelbaum in Parks und Anlagen gepflanzt, aber auch als Alleebaum.
Verwertbare Teile: Halbreife bis reife Samen. Die etwa 3 cm großen Früchte können im Winter oder Vorfrühling gepflückt werden.
Vogelarten: Grünlinge, Stieglitze (so Sabel) nehmen die Samen in freier Natur zu sich. Sie werden jedoch auch von exotischen Vertretern der Gimpelfamilie und der Kardinäle nicht verschmäht. Daß weitere Körnerfresser sie auch mögen könnten, ist anzunehmen.

Rainfarn

Tanacetum vulgare, auch Wurmkraut genannt. Familie Korbblütler. Diese mehrjährige Pflanze wird 60–130 cm hoch. Blütezeit Juli bis Oktober, gelbblühend. Samenreife ist von August bis November.

Vorkommen: An Feldrainen, Wegen, Bahndämmen, Ufern, Waldrändern

Die zu den Pippan-Arten gehörende Wiesenfeste bringt Samenköpfe in großer Zahl hervor.

Der Rainfarn sollte eher als Heilkraut eingesetzt werden.

und auf Schuttplätzen kann der Rainfarn in Horsten gefunden werden.
Verwertbare Teile: Die ganze Pflanze in blühendem oder reifendem Stadium gebündelt in die Voliere geben, oder, zur besseren Dosierung, fein zerhackt unter das Weichfutter. Da vor allem die ätherischen Öle mit ihrem Hauptwirkstoff Thujon giftig sind, sollten nur kleine Mengen in Abständen von etwa einer Woche gereicht werden. Das Thujon ist gleichzeitig ein gutes Wurmmittel. Durch den Bitterstoff Tanacetin wirkt der Rainfarn gegen Durchfall. Er kann dann auch in getrockneter Form als Tee gegeben werden.
Vogelarten: Die meisten Großsittiche und Papageien, Wachteln, Fasane und andere Hühnervögel nehmen den Rainfarn gern. Kleineren Vögeln ist nur sehr wenig zu geben.

Raygräser

Englisches Raygras *Lolium perenne*, auch Deutsches Weidelgras genannt. Höhe 30–60 cm. Blütezeit Mai bis Oktober, somit reifende Samen von Juni bis November.

Das Englische Raygras ist überall zu finden und kommt schnell zu Samen, wird der Rasen länger nicht gemäht.

Von der Ringelblume sind Blätter, Knospen, Blüten und Samen, also die gesamte Pflanze verwertbar.

Italienisches Raygras *Lolium multiflorum*. Höhe 30–90 cm. Blütezeit Juli/August, reife Samen im August/September.
Taumel-Lolch *Lolium temulentum*. Für Menschen können die Samen dieses Grases nach Pilzbefall zu Vergiftungen führen, daher der Name. Für Vögel scheinbar unbedenklich. Zu unterscheiden ist der Taumel-Lolch an seinen langen Grannen, die den anderen Raygräsern fehlen. Höhe 30–80 cm. Blütezeit Juni bis August, Samenreife von Juli bis September.
Quecke *Agropyron repens*. Höhe 60–125 cm. Blütezeit Juni/Juli. Die Ähren tragen ab Juli reife Samen.

Die Raygräser und die Quecke gehören innerhalb der Familie der Süßgräser zu den Ährengräsern. Bis auf das Taumel-Lolch, das einjährig ist, sind die anderen beschriebenen Arten ausdauernde Pflanzen.

Vorkommen: Alle Raygräser und die Quecke sind überall an Wegen, Feld- und Wiesenrändern, auf Brachland sowie in Gärten zahlreich zu finden.
Verwertbare Teile: Halbreife und reife Samen. Die Gräser werden gepflückt, zu Sträußen zusammengebunden und in den Käfig bzw. in die Voliere gehängt.
Vogelarten: Fast alle körnerfressenden Vögel nehmen mehr oder weniger begierig die Samen der Raygräser auf, vor allem wenn sie noch milchig-halbreif sind. Prachtfinken, Webervögel, einige Girlitze und die Pfäffchen ernähren sich in der Natur überwiegend von Grassamen.

Ringelblume

Calendula officinalis. Familie Korbblütler. Diese einjährige Pflanze erreicht eine Höhe von 30–50 cm. Blütezeit Juni bis September, gelb bis orangefarben blühend. Samen in verschiedenen Reifegraden können von Juli bis Oktober gefunden werden.

Vorkommen: Wird als Zierblume in Gärten und auf Friedhöfen gepflanzt. Ist verwildert an Zäunen, Wegrändern und auf Schuttplätzen zu finden. An ähnlichen Plätzen wächst auch die viel kleinere Acker-Ringelblume, *Calendula arvensis*, die vor allem in Süddeutschland und anderen südeuropäischen Ländern vorkommt, was auch für *C. officinalis* als Wildpflanze zutrifft, falls sie nicht als Zuchtform von der Acker-Ringelblume abstammt.
Verwertbare Teile: Die Pflanzen können den Vögeln insgesamt angeboten

Zu den beliebtesten Gräsern zählt das Gemeine Rispengras, wird es in halbreifem Stadium geboten.

werden. Wenn viele der kleineren Vögel auch nicht die Blätter anrühren, so naschen sie doch alle gern an den sehr vitamin- und karotinhaltigen Blütenblättern und den ringelartig gekrümmten Samen (daher der Name Ringelblume). Auch diese enthalten die Farbstoffe und Vitamine in reichem Maße. Die Fruchtstände mit halbreifen Samen kann man auch einfrieren.
Vogelarten: Fast alle körnerfressenden Vögel. Blütenteile werden auch von vielen Weichfressern aufgenommen.

Rispengräser

Einjähriges Rispengras *Poa annua.* Höhe 10–40 cm. Blütezeit April/Mai und August/September, reifende Samen von Mai bis Juli und von September bis Oktober.
Gemeines Rispengras *Poa trivialis.* Höhe 50–90 cm. Blütezeit Mai/Juni, reifende Samen von Juni bis August.
Waldrispengras *Poa chaixii.* Höhe 60–150 cm. Blütezeit Mai/Juni, reifende Samen von Juni bis August.
Wiesenrispengras *Poa pratensis.* Höhe 15–100 cm. Blütezeit Mai/Juni, reifende Samen von Juni bis August.

Innerhalb der Familie der Süßgräser bilden die Rispengräser eine eigene Unterfamilie. Alle Arten, mit Ausnahme des Einjährigen Rispengrases, sind ausdauernd.
Vorkommen: Einjähriges wie Gemeines Rispengras sind praktisch überall zu finden. Bei den anderen sagt ihr Name schon, daß sie entweder mehr auf Wiesen und Feldwegen bzw. auf Waldlichtungen und Waldwegen anzutreffen sind.
Verwertbare Teile: Halbreife und reife Samen. Bei Käfighaltung werden einzelne Rispen durchs Gitter gesteckt und mit einer Klammer befestigt oder auf den Käfigboden gelegt. In Volieren

Der Gartenrittersporn hat, wie die übrigen Arten auch, viele kleine Samen zu bieten.

können die Gräser zu Sträußen zusammengebunden und in die Reichweite eines Kletterastes gehängt werden.

Vogelarten: Prachtfinken und viele andere exotische Körnerfresser, Kanarien, Wachteln, Fasane, Wellensittiche, Großsittiche und nicht nur kleinere Papageien.

Rittersporn

Einjähriger Rittersporn *Delphinium ajacis.* Höhe 30–100 cm. Blütezeit Juni bis September, blau, selten auch rosa oder weiß blühend. Samenreife Juli bis Oktober.

Feldrittersporn *Delphinium consolida.* Wie die vorige Art einjährig. Höhe 15–40 cm. Blütezeit Mai bis September, blauviolett blühend. Reife Samen sind von Juni bis Oktober vorhanden.

Gartenrittersporn *Delphinium*-Hybriden. Einjährige Pflanze mit einer Höhe von 50–180 cm. Blütezeit Juni bis September. Die Samen sind von Juli bis Oktober reif.

Hoher Rittersporn *Delphinium elatum.* Ausdauernde Staude von 60–

160 cm Höhe. Blütezeit Juni/Juli, blaublühend. Von Juli bis September sind die Samen reif.

Alle Ritterspornarten gehören der Familie der Hahnenfußgewächse an.
Vorkommen: Nur der Feldrittersporn ist als häufiges Unkraut bei uns wildwachsend zu finden, vor allem in Getreidefeldern. Der Hohe Rittersporn stammt aus Südost-Europa und wird, wie die anderen beiden Arten, gern und viel als Zierpflanze in unseren Gärten gepflegt.
Verwertbare Teile: Reife Samen (schwarz), die in größerer Zahl in den Balgfrüchten stecken. Diese lassen sich leicht pflücken und den Vögeln vorlegen.
Vogelarten: Heimischen wie exotischen Gimpelartigen munden die Samen. Ob andere Körnerfresser sie auch mögen, wäre auszuprobieren.

Rotbuche

Fagus silvatica, auch einfach Buche genannt. Familie Buchengewächse. Höhe 25–40 m. Blütezeit April/Mai, grünblühend. Reife Früchte im September/Oktober.

Vorkommen: Bildet überall in Mitteleuropa auf kalkhaltigem, nährstoffreichem Boden reine Buchenwälder oder Mischwälder mit Eichen und anderen Laubgehölzen und auch mit Tannen und Fichten zusammen.
Verwertbare Teile: Knospen, reife Samen. Junge Zweige können im Winter und Vorfrühling in Wasser gestellt werden, worauf die Knospen schwellen

Die Beeren des Sanddorns sind wegen ihres hohen Gehalts an Vitaminen sehr gesund.

Die Blüten und Samen der Schafgarbe können bis in den Winter geerntet werden, ein hervorragendes Heilkraut.

und sich öffnen. Sie bilden eine beliebte Grünfutterquelle zu Zeiten, da aus der Natur noch kaum etwas zu holen ist. Die Bucheckern können in manchen Jahren im Herbst in größerer Menge gesammelt werden.
Vogelarten: Knospen der Buchen werden von allen Vögeln geknabbert, die auch sonstiges Grünfutter zu sich nehmen. Bucheckern sind vor allem bei Bergfinken und anderen heimischen wie exotischen Finkenvögeln beliebt. Auch viele Papageien mögen sie.

Sanddorn

Hippophae rhamnoides, auch Seedorn oder Weidendorn genannt. Familie Ölweidengewächse. Höhe 1–6 m. Blütezeit März/Mai, unscheinbar rostrot blühend. Die orangeroten Scheinbeeren umschließen die eigentliche, nußartige Frucht, die ab September reif ist und lange am Busch bleibt.

Vorkommen: Wächst in stellenweise großen Beständen auf Kies- und Sandflächen der ost- und westfriesischen Inseln sowie an der Ostseeküste, ferner an Ufern und auf Sandbänken der Alpenflüsse. Vielfach an Straßenböschungen (wegen der Wurzelausläufer) sowie in Parks, Anlagen und Gärten als Zierstrauch angepflanzt.
Verwertbare Teile: Reife Früchte. Sie haben nicht nur den höchsten Vitamin-C-Gehalt aller Fruchtsträucher, sondern enthalten auch das Provitamin A, die Vitamine B_1, B_2, B_6, E sowie Glykoside und Flavonoide.

Vogelarten: Manche heimische und exotische Finkenvögel sowie Papageien und Tauben finden Gefallen an den Beeren. Bei anderen Körnerfressern und Weichfressern sollte der Sanddorn erst einmal ausprobiert werden.

Schafgarbe

Achillea millefolium, auch Gemeine Schafgarbe oder Garbenkraut genannt. Familie Korbblütler. Die Höhe dieser ausdauernden Pflanze beträgt 15–50 cm. Blütezeit Juni bis Novem-

Die Schneeball-Beeren können nur für kurze Zeit im Herbst frisch gereicht werden.

Sie eignen sich nicht zum Einfrieren.

ber, weißblühend. Reife Samen können von Juli bis in den Winter hinein vorgefunden werden.

Vorkommen: Auf nicht zu feuchtem Boden an Wegrändern, Bahndämmen, auf Wiesen und Brachland, meistens in Horsten anzutreffen, da sie sich durch Kriechtriebe stark vermehrt. Kommt vom Flachland bis ins Gebirge vor. Wird heute auch schon als Zierpflanze mit Blüten in verschiedenen Farben in Gärten kultiviert.
Verwertbare Teile: Blüten und Samen in verschiedenen Reifestadien. Die Pflanzen werden als Ganzes in die Voliere oder den Käfig gehängt. Wegen der Bitterstoffe, ätherischen Öle, der Gerbstoffe und Flavonoide sind alle Teile der Schafgarbe gut bei Durchfall und anderen Magen-Darm-Erkrankungen anzuwenden. Wegen ihres hohen Gehalts an Vitamin K ist sie blutgerinnungsfördernd und entzündungshemmend. Die Gaben von Blüten und Samen, aber auch von Schafgarbentee sind nach Antibiotika- oder Sulfonamidverabreichung sehr von Nutzen, auch wenn eine Psittacosebehandlung durchgeführt wurde.
Vogelarten: Heimische und exotische Körnerfresser aller Art nehmen sie, wenn auch oft nur sporadisch. Bei mir haben Prachtfinken den Blüten sehr zugesprochen, als sie leichten Durchfall hatten.

Schmuckkörbchen

Cosmos bipinnatus und *C. sulphureus*, auch Kosmeen genannt. Familie Korbblütler. Einjährige Pflanzen mit einer Höhe von 100–150 cm. Blütezeit von Juni bis November, weiß, orange, rosa bis weinrot blühend. Reife Samen sind von Juli bis Ende November vorhanden.

Vorkommen: Wird in Gärten und Anlagen ausgesät.
Verwertbare Teile: Halbreife bis reife Samen. Die etwas reifetrockenen Blumen werden mit Stengel zu den Vögeln gehängt. Sonst können sie auch für die Winter- oder Vorfrühlingszeit getrocknet werden, oder die Fruchtkörbchen werden tiefgefroren.
Vogelarten: Von heimischen und fremdländischen Finkenvögeln, Kardinälen, aber auch Pfäffchen und Prachtfinken, sowie von Wachteln und anderen Hühnervögeln werden die Samen mit großem Eifer gefressen.

Schneeballgewächse

Gemeiner Schneeball *Viburnum opulus*. Strauch von 2–4 m Höhe. Blütezeit Mai/Juni, weißblühend. Reife Beeren von September bis November, scharlachrot.
Wolliger Schneeball *Viburnum lantana*. Strauch von 1–3 m Höhe. Blütezeit April/Mai, schmutzigweiß blü-

hend. Die Beeren verfärben sich von Rot nach Schwarz und sind von August bis Oktober reif.

Die Schneeballsträucher werden der Familie der Geißblattgewächse zugeordnet.
Vorkommen: Während der Gemeine Schneeball an Ufern und feuchten Stellen in Wäldern, Gebüschen, an Waldrändern, als Zierstrauch auch in Anlagen und Gärten vorkommt, ist der Wollige Schneeball ein Bewohner der Bergwälder, vor allem solcher mit kalkhaltigem Boden. Er wird aber auch als Zierstrauch angepflanzt.
Verwertbare Teile: Reife Beeren. Sie können nur frisch am Zweig angeboten werden, eignen sich also nicht zum Einfrieren.
Vogelarten: Heimische wie exotische Drosseln und andere Weichfresser, auch die Seidenschwänze nehmen die Beeren manchmal gern.

Schneebeere

Symphoricarpos albus. Familie Geißblattgewächse. Höhe 1–2 m. Blütezeit Juni bis September, rosarot blühend. Die weißen, schwammigen Beeren (Knallerbsen) können von Oktober bis weit in den Winter hinein geerntet werden.

Vorkommen: Dieser aus Nordamerika stammende Busch wird gern im Garten angepflanzt. Auch in Anlagen und Parks häufig. Von den Vögeln durch Verzehr der Beeren verbreitet und verwildert.
Verwertbare Teile: Reife Beeren.
Vogelarten: Heimische und exotische Weichfresser von Rotkehlchen und Mistelfressern bis zu Drosseln, Staren und großen Timalien. Auch andere Vögel nehmen sie gelegentlich.

Schwarzdorn

Prunus spinosa, auch Schlehe genannt. Familie Rosengewächse. Höhe bis 3 m. Blütezeit April/Mai, weißblühend, reife Beeren von September bis in den Winter hinein.

Vorkommen: Liebt sonnige, trockene Standorte an Waldrändern. Ist häufig in dichten Gebüschen zu finden und bildet wegen der kriechenden und Sprosse treibenden Wurzeln oft reine Schlehenhecken.
Verwertbare Teile: Die als Schlehen bekannten Steinfrüchte können im Herbst und Winter mitsamt dem Zweig angeboten werden, ebenso die Blüten von März bis Mai.
Vogelarten: Einige heimische Finkenvögel, so der Gimpel, nehmen die Schlehen ganz gern, ebenso größere exotische Körner- und Weichfresser. Auch von vielen Großsittichen und Papageien werden sie genommen. Die duftenden Blüten sind bei vielen Vögeln begehrt.

Schwarzer Holunder

Sambucus nigra, auch Holderbusch, Holler oder Fliederbeerbusch genannt. Familie Geißblattgewächse. Höhe 3–10 m. Blütezeit Juni/Juli, weißblühend. Im August/September sind die rotschwarzen Beeren reif.

Die Schlehen des Schwarzdorns sind erst nach dem ersten Frost genießbar, auch für die Vögel.

Vorkommen: Auf feuchten Waldlichtungen, an Waldrändern, Ufern, Zäunen, in Hecken und Gärten zu finden.
Verwertbare Teile: Blütendolden und reife Beeren. An den Blüten naschen wegen ihres hohen Gehalts an Pollen manche Vögel. Die Beeren sind für weit mehr eine Delikatesse. Das Herumspritzen mit dem dunkelroten Saft bleibt dabei meistens nicht aus.
Vogelarten: Blüten werden von manchen Prachtfinken, vom Kanarienvogel und seinen Verwandten bis hin zu Papageien genommen, ferner von Blütenpickern und anderen kleineren Weichfressern. Die Holunderbeeren haben in heimischen wie exotischen Weichfressern aller Größen, aber auch unter Finkenvögeln und sogar unter Sittichen, Papageien, Täubchen und Hühnervögeln ihre Abnehmer.

Sonnenblumen

Einjährige Sonnenblume *Helianthus annuus*, auch Gemeine Sonnenblume genannt. Wie ihr Name sagt, ist sie nur einjährig. Höhe 100–300 cm. Blütezeit von Juni bis September, wobei die großen Blütenkörbe einen Durchmes-

Die Beeren des Schwarzen Holunders sind bei vielen Vögeln begehrt.

ser von 30 cm und die goldgelben Randblüten eine Länge von 10 cm erreichen. Samenreife von September bis November.

Knollige Sonnenblume *Helianthus tuberosus*, auch Topinambur oder Erdbirne genannt. Sie ist eine ausdauernde Staude mit einer Höhe von 100–250 cm. Blütezeit August bis Oktober, bei ihr erreichen die gelben bis dunkelbraunen Blütenkörbe 3–4 cm Durchmesser, die goldgelben Randblüten 5–6 cm Länge. Die Samen sind von September bis November reif. (Foto Seite 2).

Die Sonnenblumen gehören zur Familie der Korbblütler.

Vorkommen: Die Gemeine Sonnenblume stammt aus Mexiko, die Knollige Sonnenblume aus Nordamerika. Bei uns werden sie wegen ihrer ölhaltigen Samen bzw. als Viehfutterpflanze und zur Wild- und Vogelfütterung angebaut. Häufig sind beide Arten in Gärten als Zierpflanzen zu finden.

Verwertbare Teile: Halbreife bis reife Samen. Topinambur-Wurzelknollen.

Vogelarten: Die kleineren Topinambur-Samen werden sogar von Prachtfinken und Pfäffchen genommen, die der Gemeinen Sonnenblume von allen anderen Körnerfressern. Für viele Sittiche und Papageien bilden sie das bevorzugte Hauptfutter. Diese Vögel nehmen oft auch die Topinambur-Wurzelknollen an.

Spierstaude

Filipendula ulmaria, auch Wiesengeißbart, Wiesenkönigin oder Mädesüß genannt. Familie Rosengewächse. Mehrjährige Pflanze von 1–2 m Höhe. Blütezeit Juni bis August, gelblichweiß blühend. Samen in den verschiedensten Reifegraden sind von Juli bis Oktober vorzufinden.

Vorkommen: Wächst im Röhricht, an Ufern, Gräben, auf feuchten Wiesen.
Verwertbare Teile: Halbreife bis reife Samen.
Vogelarten: Heimische wie exotische Gimpel, Zeisige, Girlitze (auch der Kanarienvogel) mögen die Samen sehr. Auch Prachtfinken und andere kleine bis große Körnerfresser, einschließlich Sittiche, Papageien, Tauben und Hühnervögel aller Art nehmen sie.

Steinbrechgewächse

Rote Johannisbeere *Ribes rubrum.* Strauch, der eine Höhe von 100–200 cm erreicht. Blütezeit April/Mai, gelbgrün blühend. Beerenreife von Ende Juni bis Anfang August.
Schwarze Johannisbeere *Ribes nigrum.* Strauch von 80–160 cm Höhe. Blütezeit April/Mai, grünlichgelb, innen blaßrot blühend. Die Beeren sind im Juli/August reif.

Stachelbeere *Ribes uva-crispa.* Ein 60–120 cm hoher, stacheliger Strauch, der im April/Mai grünlich blüht. Die Reife der grünen, gelben oder braunroten Beeren ist je nach Sorte von Ende Juni bis Mitte August.

Stachel- und Johannisbeersträucher gehören der Familie der Steinbrechgewächse an.
Vorkommen: Alle drei Arten sind bei uns wildwachsend, doch selten. Dagegen werden sie in zahlreichen Sorten in Gärten kultiviert.
Verwertbare Teile: Knospen, Zweige, reife Beeren.
Vogelarten: Die Knospen sowie die zarten Zweige werden von Wellen-, Großsittichen und Papageien sehr geschätzt, ferner von Kernbeißertimalien und weiteren rindeschälenden Arten. Rosenköpfchen nagen Rindenstreifen als Nistmaterial ab. Die Knospen finden auch großen Anklang bei den meisten Gimpelartigen, die Beeren als Leckerbissen bei Sittichen, Papageien, manchen Hühnervögeln und Tauben, bei Beos und vielen anderen Weichfressern. Allerdings nehmen nicht alle Vögel die sauren Beeren, was auszuprobieren ist.

Storchschnabelgewächse

Blut-Storchschnabel *Geranium sanguineum*, auch Blutröslein genannt. Diese ausdauernde Staude wird 15–50 cm hoch. Blütezeit Mai bis September, blutrot blühend. Die Samen in den an Storchschnäbel erinnernden Spaltfrüchten von gut 4 cm Länge reifen von Juni bis Oktober.

Wegen der Farbe und Größe seiner Blüten fällt der Blutstorchschnabel auf. Seine Samenkapseln sind recht groß.

Weicher Storchschnabel *Geranium molle.* Ein- oder zweijährig ist diese Art. Höhe 8–30 cm. Blütezeit Mai bis Oktober, rosablühend. Aus den nur knapp 1 cm großen Blüten entwickeln sich 2–3 cm lange Samenkapseln, die von Juni bis September reifen.

Stinkender Storchschnabel *Geranium robertianum*, auch Ruprechtskraut genannt. Diese 25–50 cm Höhe erreichende Pflanze ist ein- bis zweijährig. Blütezeit Juni bis Oktober, hellrosa blühend. Spaltfrüchte und Samen klein, reif von Juli bis November.

Wiesen-Storchschnabel *Geranium pratense.* Diese mehrjährige Pflanze wird 30–60 cm hoch. Blütezeit Juni bis August, blauviolett blühend. Samenkapseln bis 3,5 cm lang, von Juli bis September reifend.

Reiherschnabel *Erodium cicutarium.* Als einjährige Pflanze wird sie 15–50 cm hoch. Blütezeit März bis Oktober, rosa blühend. Reife Samen stecken von April bis November in den 4–5 cm langen Spaltfrüchten.

Zur Familie der Storchschnabelgewächse gehören noch eine Anzahl weiterer Arten, deren Samen alle als Vogelnahrung dienen können.

Vorkommen: Während der Blut-Storchschnabel auf trockenen Wiesen und an steinigen Hängen vorkommt, sind die anderen Arten an Wegen, Feldrändern, auf Brachland und in Gärten anzutreffen.

Verwertbare Teile: Samen in halbreifem und reifem Stadium. In Wasser gestellt, halten sich die Pflanzen länger frisch, wodurch zu schnelles Aufplatzen der Spaltfrüchte mit Fortschleudern der Samen vermieden wird.

Vogelarten: Sowohl heimische wie exotische Zeisige, Girlitze, Gimpelartige, Kardinäle und auch Wachteln versuchen sich mit mehr oder weniger Begeisterung an den Samen.

Der Wiesen-Storchschnabel ist nicht so häufig zu finden wie die meisten seiner Verwandten.

Traubenholunder

Sambucus racemosa, auch Berg- oder Roter Holunder genannt. Familie Geißblattgewächse. Höhe 2–4 m. Blütezeit April/Mai, weißblühend. Die scharlachroten Beeren werden von Juli bis September reif.

Vorkommen: Vor allem in Bergwäldern. Sonst meistens durch den Menschen in Gärten oder Parks angepflanzt.
Verwertbare Teile: Reife Beeren. Sie sind sehr reich an den Vitaminen A und C.
Vogelarten: Weichfresser jeder Größe, Kardinäle, Farbfinken, manche Sittiche und Papageien. Auch Wachteln und einige kleinere Körnerfresser nehmen sie mitunter.

Ulmen

Bergulme *Ulmus glabra*. Bis 30 m hoch. Blütezeit März/April, rotblühend. Die mit Flügeln versehenen flachen Samen sind im Mai/Juni schon reif.
Feldulme *Ulmus carpinifolia*. Kann ebenfalls 30 m hoch werden. Blütezeit März/April, rötlich und gelb blühend. Die der vorigen Art ähnlichen, aber etwas kleineren Flugsamen sind gleichfalls im Mai/Juni reif.
Flatterulme *Ulmus laevis*. Bis 30 m hoch. Blüht im April, rosa und gelb. Die mit Flughäuten versehenen Samen sind die kleinsten und im Juni reif.

Die Ulmen bilden die Familie der Ulmengewächse.

Verwertbare Teile: Blüten, Knospen, Rinde junger Triebe, Samen. Da die Ulmen sehr zeitig im Frühjahr Blüten und Knospen hervorbringen, sind diese gut geeignet, den Vögeln sehr vitamin- und mineralstoffreiche Nahrung zu einer Zeit zukommen zu lassen, wenn anderes Grün in der Natur noch kaum zu finden ist. Sie werden mit den Zweigen angeboten. Die großen Büschel fast reifer Samen können leicht gepflückt und in Käfig und Voliere aufgehängt werden.
Vogelarten: Die Blüten sind bei fast allen Körner- und Weichfressern beliebt. Zeisige, Girlitze (auch der Kanarienvogel) und viele andere Körnerfresser nehmen auch die Knospen. Sittiche, Papageien und Kernbeißertimalien obendrein die Rinde. Die Ulmensamen werden von vielen Körnerfressern, von den Finkenvögeln und Kardinälen bis hin zu den Papageienvögeln, gemocht.

Veilchen-Arten

Hundsveilchen *Viola canina*. Wird 10 cm hoch. Blütezeit März/April, blau oder violett blühend. Samen sind im April/Mai reif.
Märzveilchen *Viola odorata*, auch Wohlriechendes Veilchen genannt. Höhe 5–10 cm. Blütezeit März/April, violett blühend. Die Samen reifen Ende April, Anfang Mai.
Rauhes Veilchen *Viola hirta*. Höhe 10–15 cm. Blütezeit März bis Mai, hellblau-violett blühend. Reife Samen sind von April bis Juni zu finden.
Stiefmütterchen *Viola tricolor*, Wildes Stiefmütterchen, auch Acker-Stief-

Anders ist es mit den von uns kultivierten Stiefmütterchen. Sie liefern reichlich die begehrten Samen.

mütterchen oder Dreifaltigkeitskraut genannt, und seine Kulturform, das Garten-Stiefmütterchen. Seine Höhe beträgt in der Wildform 10–20 cm, in der kultivierten Form 20–30 cm. Blütezeit von März bis Oktober. Farbe in der Wildform weißlichgelb mit oder ohne Violett, als Gartenstiefmütterchen in vielen Farben, auch gemischt. Reife Samen treten bald nach der Hauptblütezeit im Frühjahr sowie weiterhin bis in den November hinein auf.
Sumpfveilchen *Viola palustris.* Höhe 3–10 cm. Blütezeit im Mai/Juni, blaßviolett blühend. Im Juni/Juli sind die Samen reif.
Waldveilchen *Viola sylvatica*, syn. *Viola reichenbachiana.* Höhe 10–20 cm. Blütezeit März bis Juni, blauviolett blühend. Die Samen reifen zwischen April und Juli heran.

Alle Veilchen-Arten sind ausdauernde Stauden und werden in der Familie der Veilchengewächse zusammengefaßt.
Vorkommen: Beim Sumpf- und Waldveilchen ist der wichtigste Standort schon im Namen angegeben. Die anderen lieben lichten Wald, Wald- und Wegränder sowie Hecken. Nur das Stiefmütterchen bevorzugt Standorte auf Äckern, Brachland, an Feldwegen und in Gärten, seine Kulturform wird allenthalben in Balkonkästen, in Gärten und in Parkanlagen angepflanzt. Auch die anderen Veilchengewächse holen wir immer häufiger in unsere Gärten.
Verwertbare Teile: Samen in halbreifem und frischreifem Zustand. Die Samenkapseln springen bei der Reife auf, werden sonst kurz davor geöffnet, was nur bei den großen des kultivierten Stiefmütterchens notwendig sein dürfte. Nach der Blüte sofort bis zum Spätherbst zu ernten. Bei größerem Angebot können die Kapseln eingefroren und für den Winter aufgehoben werden.
Vogelarten: Die verschiedensten heimischen und exotischen Körnerfresser einschließlich Tauben. Fasane, Wachteln und Papageienvögel nehmen die Samen mehr oder weniger häufig auf.

Vergißmeinnichtarten

Acker-Vergißmeinnicht *Myosotis arvensis.* Wegen ihrer starren, grauen Borstenhaare wirkt die ganze Pflanze graugrün. Diese ein- bis zweijährige Pflanze wird 20–40 cm hoch. Blütezeit Juni bis August, hellblau blühend, reifende Samen von Juli bis September.
Kleinblütiges Vergißmeinnicht *Myosotis micrantha*, auch Sand-Vergißmeinnicht genannt. Einjährig. Höhe 5–20 cm. Blüten sehr klein, blühen blau von April bis Juni. Reife der Samen von Mai bis Juli.
Sumpf-Vergißmeinnicht *Myosotis palustris.* Als mehrjährige Pflanze erreicht sie eine Höhe von 15–50 cm. Traubenförmige himmelblaue Blütenstände von Mai bis Juli. Manchmal auch weiße oder rote Blüten. Von Juni bis August sind die Samen reif.
Wald-Vergißmeinnicht *Myosotis sylvatica.* Die Höhe dieser ausdauernden Staude beträgt 30–45 cm. Grau durch rauhe Behaarung aussehend. Himmelblaue Blüten mit gelber Mitte von Mai

Die Vogelmiere ist das Vogelgrünfutter aus der Natur (und aus unseren Gärten) schlechthin. Blätter, Blüten, Samen werden begeistert von fast allen Vögeln aufgenommen.

bis Juli. Samentragend von Juni bis August.

Sie gehören der Familie der Rauhblättrigen an.

Vorkommen: Die Namen der Vergißmeinnicht-Arten sagen schon aus, welches ihre bevorzugten Standorte sind. Sie können auch in Gärten vorkommen und werden in kultivierter Form angepflanzt.

Verwertbare Teile: Die Samen in allen Reifestadien. Die ganzen Pflanzen werden in einen Wasserbehälter gestellt, damit sie nicht gleich welken.

Vogelarten: Bis auf Papageien und Sittiche nehmen alle Körnerfresser die Vergißmeinnicht-Samen gern, vor allem Zeisige, Girlitze und sogar die meisten Prachtfinken.

Vogelmiere

Stellaria media, auch Mairisch, Mäuse- oder Hühnerdarm genannt. Familie Nelkengewächse. Diese einjährige Pflanze ist kriechend und wird 8–60 cm lang. Blütezeit von März bis Oktober, weißblühend. Die Samen in verschiedensten Reifestadien können in der gleichen Zeit vorgefunden werden.

Vorkommen: Ist überall in Gärten, auf Brachland, Feldern, oft auch auf abgegrasten Viehwiesen und in den Treibhäusern von Gärtnereien zu finden.
Verwertbare Teile: Die ganze Pflanze dient als Nahrung, wobei die frischen, saftigen Blätter und Triebe, die Blüten und die Samenkapseln besonders begehrt sind. Leider welken abgepflückte Pflanzenteile sehr schnell und werden dann von den Vögeln nicht mehr beachtet. So ist es ratsam, die Vogelmiere in Blumentöpfe oder Blumenkästen zu pflanzen oder auszusäen und in diesen den Vögeln zu bieten. Nach dem Abfressen der saftigen Grünteile werden die Pflanzen nach draußen oder auf die Fensterbank gestellt, wo sie alsbald frisch sprießen. So kann den Vögeln auf einfache Weise stets ganz saftige Vogelmiere geboten werden. Außerdem haben sie durch das Abbeißen von der lebenden Pflanze das Vergnügen der natürlichen Futteraufnahme.
Vogelarten: Nahezu alle körnerfressenden Vögel nehmen die Vogelmiere gern. Sie ist ein hervorragendes Aufzuchtfutter, dem allein häufig der Erfolg einer gelungenen Brut zuzuschreiben ist.

Wachtelweizen

Ackerwachtelweizen *Melampyrum arvense.* Höhe 15–30 cm. Blütezeit Juni bis September, purpurrot oder gelb blühend. Die Samen sind von August bis Oktober reif.
Kammwachtelweizen *Melampyrum cristatum.* Höhe 15–50 cm. Blütezeit Juni bis September, gelblichweiß blühend. Die Samenreife ist von Juli bis Oktober.
Wiesenwachtelweizen *Melampyrum pratense.* Höhe 10–50 cm. Blütezeit Juni bis September, weißlich oder blaßgelb blühend. Reife Samen sind von Juli bis Oktober vorhanden.

Diese sowie die weiteren, selteneren Arten sind einjährige Pflanzen und gehören der Familie der Rachenblütler an.
Vorkommen: Der Ackerwachtelweizen wächst wirklich auf Äckern und ist ein Halbschmarotzer auf den Wurzeln der Getreidepflanzen. Die anderen Arten sind ebenfalls Schmarotzer, jedoch auf Baumwurzeln. Sie gedeihen allesamt in lichten Wäldern, an Waldrändern, und in Gebüschen, selten auch auf Trockenwiesen.
Verwertbare Teile: Samen in halbreifem bis reifem Stadium. Sie sind recht groß und Weizenkörnern ähnlich.
Vogelarten: Größere Finkenvögel, Weber, Kardinäle, Sittiche und Papageien nehmen die Samen, vor allem aber die Wachteln, Fasane und die Rauhfußhühner mögen sie.

Waldrebe

Clematis vitalba. Familie Hahnenfußgewächse. Kletterstrauch, der 8–12 m hoch werden kann. Blütezeit Juli bis Oktober, weißblühend. Reifende Samen in ihren lang behaarten, büschelartigen Fruchtständen sind den ganzen Winter über an den Pflanzen.

Vorkommen: In Auwäldern, Gebüschen an Ufern oder anderen feuchten Standorten, vor allem in Süd- und Mitteldeutschland.
Verwertbare Teile: Reife Samen. Sie können als ganzer Fruchtstand mitsamt den abgeschnittenen Ranken in die Voliere gegeben werden.
Vogelarten: Heimische wie exotische Gimpelartige nehmen die Samen gern. Vielleicht auch andere Körnerfresser, was auszuprobieren wäre.

Walnuß

Juglans regia. Familie Walnußgewächse. Stattlicher Baum von 10–25 m Höhe. Blüht im Mai gelbgrün, die Nüsse sind im Oktober/November reif.

Vorkommen: Die aus Vorderasien stammende Walnuß wurde von den Römern nach Deutschland mitgebracht und hier wegen der Nüsse angepflanzt. Ist in Gärten, Alleen und Anlagen zu finden.
Verwertbare Teile: Die Kätzchen, die Rinde und die Nüsse. Wenn Zweige in blühendem Stadium in die Voliere gegeben werden, findet beides bei einigen Vögeln Geschmack. Die Walnüsse sind in ihrer Schale nur etwas für größere Vögel, sonst können sie auch zerkleinert angeboten werden.
Vogelarten: Kätzchen werden von verschiedenen Körner- und Weichfressern geschätzt, die Rinde vor allem von Sittichen und Papageien. Die größeren von ihnen verstehen auch Walnüsse zu knacken. Die Kerne und ihre Bruchstücke sind bei vielen Körnerfressern vor allem bei Kernbeißern, Gimpeln, einigen Kardinälen und Timalien beliebt.

Wasserlinsen

Kleine Wasserlinse *Lemna minor,* auch Entenflott oder Entengrütze genannt. Schwimmpflanze mit 2–6 mm großen, zumeist kreisrunden Sprossen. Jede von ihnen besitzt nur eine einfache Wurzel als Gleichgewichtsorgan. Nährstoffe nehmen die Sprosse mit ihrer Unterseite auf. Die unscheinbaren Blüten sind winzig und sitzen am Rande der einzelnen Sprosse.
Vielwurzelige Teichlinse *Spirodela polyrhiza.* Die eiförmigen Sprosse sind bei dieser Schwimmpflanze 3–8 mm lang. Sie besitzen mehrere Wurzelfasern zum Gleichgewichthalten. Sonst alles wie bei der Kleinen Wasserlinse.

Diese sowie einige seltenere Arten gehören der Familie der Wasserlinsen an. Alle sind mehrjährige Pflanzen.
Vorkommen: Sie sind auf Teichen, Tümpeln und Gräben zu finden, häufig auf Dorfteichen.
Verwertbare Teile: Ganze Pflanzen in frischem Zustand. Sie können unter das Weichfutter gemischt oder in einen flachen Wasserbehälter gegeben werden.
Vogelarten: Enten, vor allem ihre Küken, mögen die Wasserlinsen sehr gern. Wachtel- und Fasanenküken können sie mit dem Aufzuchtfutter gereicht werden.

Der Spitzwegerich hat viel kleinere Samenstände. Von ihm werden die Blätter gern gefressen, die eine heilende Wirkung haben.

Wegerauke

Sisymbrium officinale, auch Gemeine Wegerauke oder Raukensenf genannt. Familie Kreuzblütler. Einjährige Pflanze von 30–60 cm Höhe. Blütezeit von Mai bis Oktober, hellgelb blühend. Hierdurch und durch die stielrunden Schoten gut vom sehr ähnlichen Ackerschotendotter zu unterscheiden. In den Schoten sind von Juni bis November reife Samen zu finden.

Vorkommen: Häufig an Wegen, Feldrändern, in Hecken, auf Brachland und Schuttplätzen sowie in Gärten.
Verwertbare Teile: Blüten, grüne Schoten sowie halbreife bis reife Samen. Die Pflanzen können im Ganzen in Käfig oder Voliere aufgehängt werden.
Vogelarten: Kleine bis große Körnerfresser mögen an allen Teilen ein wenig knabbern. Manche Weichfresser naschen an den Blüten.

Wegerich-Arten

Wobei hier die 3 häufigsten und für die Vogelernährung wichtigsten vorgestellt werden sollen.
Spitzwegerich *Plantago lanceolata.* Höhe 50–60 cm. Die lanzettlichen, stengellosen Blätter bilden eine grundständige Rosette. Der Fruchtstand ist kurz, fast rundlich. Jede Kapsel enthält 2 Samenkörner.
Mittlerer Wegerich *Plantago media.* Höhe 10–50 cm. Die eiförmigen, stengellosen Blätter sind ebenfalls zu einer grundständigen Rosette ausgebildet. Der Blütenstand von 2–6 cm Länge kann bei der Fruchtreife bis zu 15 cm lang werden. Jede Samenkapsel enthält 4 Samen.
Breitwegerich *Plantago major*, auch Großer Wegerich genannt. Höhe 10–40 cm. Die eiförmig-rundlichen Blätter sind auch am Grunde rosettenförmig angeordnet. Sie haben im Gegen-

Trotz ihres robusten Aussehens werden die Samenstände des Breitwegerichs selbst von den kleineren Vögeln gern verzehrt.

satz zu den anderen Arten deutliche Stengel. Die Fruchtstände können fast den ganzen Schaft einnehmen und über 30 cm lang werden. In jeder Kapsel stecken 4 Samenkörner.

Die Wegerich-Arten bilden die Familie der Wegerichgewächse. Als mehrjährige, also ausdauernde Pflanzen sind sie immer wieder am gleichen Standort zu finden. Sie blühen weiß von Mai bis September oder Oktober. Halbreife Samen stehen somit von Juni bis November in den aufrechten Fruchtständen zur Verfügung.

Vorkommen: Wie ihr Name sagt, sind sie an Wegen zu finden, ferner an Gräben sowie auf trockenen Wiesen, Schuttabladeplätzen und unbebautem Gelände, oft sehr zahlreich, auch in Gärten.
Verwertbare Teile: Blätter und Samen, letztere können bis weit in den November hinein geerntet werden. Die Samenstände können mit einer Klammer am Gitter befestigt oder gebündelt gereicht werden. Sie eignen sich gut zum Einfrieren für die Fütterung im Winter. Da alle Wegerich-Arten, speziell der Spitzwegerich, eine leicht an-

tibakterielle Wirkung haben, sind sie gut gegen Durchfall, aber auch gegen Bindehautentzündungen, einzusetzen. Es können frische Blätter, fein gewiegt, unter das Futter gemischt werden. Auch die Verabreichung als Tee ist wirksam, auch zum Ausspülen entzündeter Augen.
Vogelarten: Alle Körnerfresser nehmen die frischreifen und halbreifen Samen, viele auch die Blätter im ganzen oder kleingeschnitten. Als Durchfallmittel auch bei Weichfressern anwendbar.

Wegwarte

Cichorium intybus, auch Zichorie genannt. Familie Korbblütler. Eine ausdauernde Staude mit einer Höhe von 30–150 cm. Blütezeit Juli/August, hellblau blühend. Reifende Samen sind von August bis Oktober vorzufinden.
Vorkommen: An Feld- und Wegrändern sowie auf Ödland verstreut.
Verwertbare Teile: Halbreife und reife Samen. Werden die ganzen Pflanzen in einen Wasserbehälter gestellt, haben die Vögel länger die Möglichkeit, die frischen Samen aus den Fruchtkörbchen herauszuklauben.
Vogelarten: Heimische und exotische Gimpel, Zeisige, Girlitze, auch Kanarien, Prachtfinken, Pfäffchen, Kardinäle und ihre Verwandten, Wachteln und Fasane nehmen die Samen gern.

Weiden

Korbweide *Salix viminalis*, auch Hanf- oder Bandweide genannt. Höhe 2–4 m. Blütezeit März/April, gelbblühend. Samenreife im April/Mai.
Purpurweide *Salix purpurea.* Höhe 1–4 m, manchmal auch bis 10 m hoher Baum. Zweige oft rot. Blütezeit März/April, purpurrot blühend. Reife Samen sind im Mai vorhanden.
Salweide *Salix caprea*, auch Palmweide genannt. Höhe 2–12 m. Sie hat im Gegensatz zu den anderen Weidenarten keine schmalen, also lanzettlichen Blätter, sondern elliptische bis fast eiförmige. Blütezeit März/April, gelbblühend. Die Samen reifen im Mai.
Silberweide *Salix alba*, auch Weiße Weide genannt. Seltener als Strauch, sondern meistens als stattlicher Baum mit einer Höhe von 10–30 m. Blütezeit April/Mai, gelbblühend. Die Samen sind im Juni reif.

Die Weiden sind in der Familie der Weidengewächse zusammengefaßt.
Vorkommen: Alle Weiden lieben feuchten Boden und sind darum an entsprechenden Standorten an Ufern, Wegen, Waldrändern, auf Wiesen, Brachland, in Auwäldern, Gebüschen, Anlagen und Gärten zu finden.
Verwertbare Teile: Knospen, Blüten, Rinde und Samen. Zweige mit Knospen können nicht nur im Vorfrühling geschnitten und in die Vogelbehausungen gegeben werden, sondern lassen sich schon im Winter in der warmen Wohnung zum Austreiben bringen. Werden sie in den Volieren in Wasser gestellt, bleibt auch die Rinde knackig und findet starke Beachtung. Blühende Kätzchen sollten mit den Zweigen frisch geschnitten werden.

Die Samen der Wegwarte sind ein Leckerbissen für viele Vögel.

Als bekannteste und ergiebigste Art seiner Gattung soll hier das Schmalblättrige oder Waldweidenröschen vorgestellt werden.

Den Weißdorn gibt es in zwei Arten, wobei sich der hier gezeigte zweigriffelige vor allem durch die breiteren, weniger stark eingeschnittenen Blätter unterscheidet.

Vogelarten: Knospen und Samen finden bei sehr vielen Körnerfressern großen Zuspruch, die Blüten auch bei einer größeren Anzahl von Weichfressern. Weidenrinde ist nicht nur bei Wellen- und Großsittichen sowie Papageien begehrt, sondern auch bei der Kernbeißertimalie und den ihr nahestehenden Papageischnäbeln.

Weidenröschen

Berg-Weidenröschen *Epilobium montanum.* Höhe 30–90 cm. Blütezeit Juni bis September, rosarot blühend. Reife der Samen von Juli bis Oktober.

Schmalblättriges- oder Wald-Weidenröschen *Epilobium angustifolium.* Höhe 60–180 cm mit bis zu 15 cm langen, lanzettlichen, wechselständigen Blättern. Blütezeit Juni bis September, rosa bis purpurrot blühend. Samenreife von Juli bis Oktober.

Zottiges Weidenröschen *Epilobium hirsutum*, auch Rauhhaariges Weidenröschen genannt. Höhe 50–150 cm. Blütezeit Juli/August, purpurrot blühend. Die Samen sind im August/September reif.

Diese und weitere Weidenröschen gehören der Familie der Nachtkerzengewächse an. Sie sind alle mehrjährig, also ausdauernde Stauden.
Vorkommen: Während das Zottige Weidenröschen feuchte Standorte wie Ufer, Gräben, Sümpfe, Gebüsch in Auwäldern und Feuchtwiesen bevorzugt, lieben die beiden anderen trockene Plätze wie Waldlichtungen, Heide, Wald- und Wegränder, Schutt- und Trümmerplätze.
Verwertbare Teile: Die kurz behaarten Samen werden in halbreifem bis reifem Stadium gern gefressen. Da schnelle Welkgefahr besteht, sollten die ganzen Pflanzen in Wasserbehälter gestellt werden. Die Vögel klauben die Samen am liebsten aus den schotenähnlichen Fruchtständen.
Vogelarten: Exotische wie heimische Zeisige, Girlitze mögen die Samen besonders gern, aber auch alle anderen Körnerfresser, egal ob klein oder groß.

Weißdorn

Eingriffeliger Weißdorn *Crataegus monogyna.* Strauch oder Baum bis 5 m Höhe. Hat tief eingeschnittene, unterseits weißlichgrüne Blätter. Zahlreiche kleine Blüten mit nur einem Griffel, die runden, scharlachroten Früchte somit auch nur mit einem Stein. Blütezeit Mai/Juni weißblühend. Reifezeit der Beeren August bis Oktober.
Zweigriffeliger Weißdorn *Crataegus oxyacantha.* In allem mit der vorigen Art übereinstimmend, Blätter jedoch eiförmig und kaum eingeschnitten. Blüht etwa 2 Wochen früher. Die Beeren sind mehr eiförmig und besitzen jeweils 2 Steine. Ihre Reife tritt von August bis September ein.

Die Weißdorn-Arten gehören zur Familie der Rosengewächse.
Vorkommen: Beide Arten wachsen an Waldrändern, in lichtem Wald, in Hekken und Anlagen. Sie werden auch gern in Parks und Gärten angepflanzt, wobei auch Büsche mit gefüllten, rosafarbenen oder roten Blüten vorkommen. Letztere werden dann Rotdorn genannt.
Verwertbare Teile: Blüten des Eingriffeligen Weißdorns. Es werden gerade aufblühende Zweige in Wassergefäße gestellt. Reife Beeren von beiden Arten.
Vogelarten: Fast alle Körnerfresser und viele Weichfresser naschen gern an den Blüten. Die Beeren werden ebenfalls von fast allen verzehrt, wobei Prachtfinken, Zeisige, Girlitze, Kanarien und einige andere kleine Körnerfresser, Tauben und Wachteln eine Ausnahme bilden.

Weißer Gänsefuß

Chenopodium album, auch Gemeiner Gänsefuß genannt. Familie Gänsefußgewächse. Diese einjährige Pflanze bringt es auf eine Höhe von 15–90 cm. Blütezeit Juli bis September, grünblühend. Die Samen sind von August bis Oktober reif.
Vorkommen: Kann auf Äckern, in Gärten, auf Schuttplätzen, Brach- und Bauland sowie an Weg- und Grabenrändern gefunden werden.
Verwertbare Teile: Samen in halbrei-

fem und reifem Zustand. Die ganzen Pflanzen werden entweder an einem reich verzweigten Sitzast aufgehängt oder aber in ein Gefäß mit Wasser gestellt.
Vogelarten: Kanarienvögel und ihre wildlebenden Verwandten, sowohl heimische wie exotische, mögen die Samen. Auch Ammern, Kardinäle, Wachteln und manche Großsittiche sind dafür zu haben.

Wicken

Futterwicke *Vicia sativa*, auch Saatwicke genannt. Der kantige, klet-

Der Weiße Gänsefuß bietet im Sommer und Herbst reichlich seine vielen kleinen Samen dar.

ternde Stengel dieser einjährigen Pflanze wird 30–50 cm lang. Blütezeit von März bis Juni, die Blüten haben eine rotviolette Krone, bläulichrote Flügel und eine hellviolette Fahne. In den 3–6 cm langen Hülsen reifen die bis 4 mm großen, dunkelbraunen Samen von April bis Juli heran.
Sandwicke *Vicia villosa*, auch Zottelwicke genannt. Der kantige Stengel dieser ebenfalls einjährigen Pflanze ist zottig behaart und wird kletternd 30–60 cm lang. Blütezeit Juni bis August, blauviolett blühend. Die Hülsen, bis 4 cm lang, enthalten bis zu 8 kugelige, dunkelbraune Samen, die von Juli bis August reifen.
Vogelwicke *Vicia cracca*. Der weichhaarige, kantige Stengel dieser mehrjährigen Staude entwickelt sich bis zu einer Länge von 20–150 cm. Blütezeit Juni bis August, violett blühend. Bis 3 cm lange, braune Hülsen enthalten von Juli bis September 4–8 kleine runde Samen von schwarzbrauner Farbe.
Zaunwicke *Vicia sepium*. Diese ausdauernde Pflanze bildet kahle, verzweigte Wickelranken von 30–60 cm Länge aus. Blütezeit Mai/Juni, violett blühend. Bei der Reife im Juli/August werden die etwa 3 cm langen Hülsen schwarz, die die kleinen runden Samen enthalten.

Die Wicken gehören der Familie der Schmetterlingsblütler an.
Vorkommen: Futter- und Sandwicke werden als Futterpflanzen angebaut. Die beiden anderen Wickenarten sind vor allem auf Wiesen, Feldern, Brachland, Schuttplätzen, in Gärten und Gebüsch, an Wegen und Zäunen zu finden.
Verwertbare Teile: Blätter, Blüten, Samen. Während das Grüne und die Blüten nur von wenigen Vögeln angenommen werden, erfreuen sich die Samen allgemeiner Beliebtheit.
Vogelarten: Alle Körnerfresser von Prachtfinken bis Papageien. Besonders gern werden die Samen von Plattschweifsittichen, vor allem Grassittichen, von Wachteln und Täubchen aufgenommen.

Wiesen-Bocksbart

Tragopogon pratensis. Die Höhe dieser zwei- bis mehrjährigen Pflanze beträgt 30–70 cm. Ähnelt dem Löwenzahn, hat jedoch schmale, grasähnliche Blätter. Blütezeit Mai bis Juli, gelbblühend, wobei die großen Blütenköpfe nur frühmorgens geöffnet sind. Reife Samen von Juni bis August. Sie sind größer als die des Löwenzahns, hängen an ähnlichen »Fallschirmen«, bei denen die einzelnen Flughaare jedoch durch Querstrahlen miteinander verbunden sind, was sie stabiler macht und ihnen ein besseres Flugvermögen verleiht.

Vorkommen: Ist auf Wiesen, an Graben- und Wegrändern recht häufig zu finden.
Verwertbare Teile: Halbreife und reife Samen. Die Fruchtstände sollten vor dem Öffnen der Flughaare gepflückt und letztere sofort abgeschnitten werden. Die Samenköpfe können frisch gereicht oder für den Winter eingefroren werden.

Vogelarten: Fast alle kleinen und größeren Körnerfresser mögen die Samen des Bocksbarts.

Wiesenknopf

Großer Wiesenknopf *Sanguisorba officinalis.* Höhe 60–150 cm. Blütezeit Juni bis August, dunkel braunrot blühend. Samenköpfchen reif von Juli bis September.

Kleiner Wiesenknopf *Sanguisorba minor,* auch Bibernelle oder Pimpinelle genannt. Höhe 30–60 cm. Blütezeit Mai/Juni, grünblühend, nach oben hin durch pinselförmige Narben rot überlaufen. Die 2–3 Samenkörner stecken jeweils in einem kantigen Fruchtbecher und sind von Juni bis Juli reif.

Beide Wiesenknopf-Arten sind ausdauernde Stauden und werden zur Familie der Rosengewächse gezählt.

Vorkommen: Während der Große Wiesenknopf auf feuchten Wiesen, an Ufern und Grabenrändern zu finden ist, bevorzugt der Kleine Wiesenknopf kalkhaltige, trockene Standorte auf Wiesen, an Wald- und Wegrändern, sonnigen Hängen und im Geröll.

Verwertbare Teile: Halbreife und reife Samen. Die Fruchtköpfe werden gepflückt und den Vögeln vorgelegt.

Unübersehbar ist die Wilde Karde, die sich wegen der starren Stacheln ihre vielen Samen nur unschwer entreißen läßt.

Das Wollige Honiggras sieht so zart aus, daß wir meinen könnten, es würde den nächsten Regen nicht überstehen. Doch zum Glück ist es zähe und liefert lange und reichlich seine begehrten Samen.

Vogelarten: Alle Körnerfresser nehmen die Samen gern zu sich, nicht nur Kanarien, heimische und exotische Finkenvögel. Selbst Papageien, Wachteln und Fasane beachten sie.

Wilde Karde

Dipsacus silvester, auch Waldkarde oder Kardendistel genannt. Familie Kardengewächse. Sie ist zweijährig und hat eine Höhe von 1–2 m. Blütezeit Juli bis August, hell violett blühend. Ihre Samen sind von August bis Oktober reif.

Vorkommen: Wächst auf ziemlich feuchtem, lehmhaltigem Boden an Wald-, Wiesen- und Wegrändern, in Gräben und an Ufern. Gelegentlich kann sie auch auf Schuttplätzen und unbebauten Grundstücken gefunden werden.
Verwertbare Teile: Halbreife und reife Samen. Die Fruchtstände werden an ihren Stengeln in der Voliere aufgehängt oder am Käfiggitter festgeklammert. Damit die Vögel an die Samen gelangen können, werden die großen Kardenköpfe am besten kreuz und quer aufgeschnitten.

Vogelarten: Bis auf Papageien und Sittiche nehmen so gut wie alle Körnerfresser die Samen der Wilden Karde zu sich.

Wolliges Honiggras

Holcus lanatus. Familie Süßgräser, Unterfamilie Rispengräser. Ist ausdauernd und wird 30–100 cm hoch. Blütezeit von Juni bis August. Die Samen werden von Juli bis September reif.

Vorkommen: In Wäldern, an Wegen, Waldrändern und auf Wiesen ist es häufig anzutreffen und bildet oft große Polster.
Verwertbare Teile: Halbreife bis reife Samen. Die Gräser werden als Sträuße zusammengebunden und in den Käfig oder die Voliere gehängt.
Vogelarten: Alle Körnerfresser, ob klein oder groß, mögen das Honiggras sehr gern.

Zypressengewächse

Lebensbaum *Thuja occidentalis*, auch Abendländischer Lebensbaum genannt. Pyramidenförmiger Baum von 6–30 m Höhe. Blütezeit April/Mai, männliche wie weibliche Blüten unscheinbar grünlich. Zapfen nur etwa 1 cm lang, öffnen sich bei Reife der geflügelten Samen im Oktober.
Wacholder *Juniperus communis*, auch Kranewitt oder Machandel genannt. Strauch, der 1–10 m hoch werden kann. Blütezeit Mai, mit entweder gelben männlichen oder blaugrünen weiblichen Blüten, da zweihäusig. Die Beerenzäpfchen sind erst im zweiten Herbst blauschwarz und damit reif. Sie enthalten 3 braune Samenkerne.

Der Lebensbaum und der Wacholder werden mit ihren Verwandten in die Familie der Zypressengewächse eingereiht.
Vorkommen: Der Lebensbaum stammt aus dem Osten der USA und aus Kanada. Wurde schon 1540 nach Europa gebracht und hier vor allem in Parkanlagen, Gärten (auch als Hecke) sowie auf Friedhöfen angepflanzt. Auch der Wacholder wird in Gärten, Parks und auf Friedhöfen gepflanzt, ist außerdem in Mooren und Heidegebieten sowie in lichten Kiefernwäldern heimisch.
Verwertbare Teile: Samen, beim Wacholder mit den sie umgebenden Beeren. Diese dürfen gepflückt werden, während der Baum als solcher geschützt ist. Es gibt Wacholderbeeren auch im Futtermittelgeschäft. Die Samen des Lebensbaums werden in den kleinen Zapfen gepflückt, bevor diese sich geöffnet haben.
Vogelarten: Die meisten heimischen und exotischen Finkenvögel nehmen die Samen gern, klauben sie aus den Zapfen oder dem Fruchtfleisch. Wacholderbeeren sind auch bei den Rauhfußhühnern sehr beliebt. Einem Papagei können sie gelegentlich als Leckerbissen angeboten werden.

Kultivierte Futterpflanzen von A–Z

Comfrey

Symphytum peregrinum. Familie Rauhblattgewächse. Ausdauernde Staude, die eine Höhe von 30–100 cm erreicht. Blütezeit Mai bis Juli, weißblühend. Reife der Samen von Juni bis August.

Vorkommen: Stammt aus dem Kaukasus. Wird bei uns als Futter- und Heilpflanze angebaut (nahe verwandt mit dem heimischen Beinwell *Symphytum officinale*).
Verwertbare Teile: Die bis zu 50 cm langen und 12 cm breiten Blätter dienen als Grünfutter. Wird der Stiel stets kurzgehalten, wachsen immer wieder frische Blätter nach.
Vogelarten: Alle Vögel, die Grünfutter mögen, nehmen die Blätter meistens begeistert auf. Kleineren Arten, auch Weichfressern, werden die Blätter fein zerschnitten und unter das Keim- oder Weichfutter bzw. Früchtemenü gemischt. So praktiziert dies mein Zuchtfreund Günter von der Ah schon seit mehr als zwei Jahren mit großem Erfolg.

Endivie

Cichorium endivia. Nahe Verwandte der Wegwarte und wie diese zweijährig. Familie Korbblütler. Höhe der blühenden Pflanze 30–60 cm. Blütezeit Juli bis Oktober, blaublühend. Reifende Samen von August bis November. Späte Sorten liefern bis in den Winter hinein junge Blätter.

Vorkommen: Wildwachsend wohl in Ägypten zu Hause. Bei uns in vielen Sorten aus Feldanbau oder aus dem eigenen Garten im Herbst und Winter zu haben.
Verwertbare Teile: Vor allem junge Blätter, aber auch Samenstände in allen Reifestadien. Diese werden am besten in Wasserbehältern angeboten.
Vogelarten: Endivienblätter sind bei fast allen Körnerfressern beliebt. Die Samen werden vor allem von kleineren Arten aufgenommen, aber auch von Wachteln und Fasanen.

Erbse

Pisum sativum. Familie Schmetterlingsblütler. Einjährige Pflanze mit weichen Kletterstengeln von 50–200 cm Länge. Blütezeit Mai/Juni, weißblühend. Halbreife bis reife Samen von Juli bis September in Hülsen bis zu 12 cm Länge.

Vorkommen: Erbsen werden in verschiedenen Sorten auf Feldern und in Gärten ausgesät.
Verwertbare Teile: Grüne, halbreife und reife Samen.
Vogelarten: Hühnervögel, Tauben, Großsittiche und Papageien. Letztere nehmen gern die grünen, süßen Erbsen.

Getreide-Arten

Gerste *Hordeum vulgare.* Fällt durch seine sehr langen Grannen und durch seinen niedrigen Wuchs mit 50–80 cm Höhe auf. Blütezeit Juni/Juli, grünblühend. Samenreife Juli bis September.
Hafer *Avena sativa.* Hat im Unterschied zu den anderen Getreide-Arten

keine Ähren, sondern Rispen. Auch ohne Spelzen als sogenannter »Nackthafer«. Höhe 60–120 cm. Blütezeit Juni/Juli, grüngelb blühend. Die Samen werden im Juli oder August reif.
Roggen *Secale cereale*, auch einfach Korn genannt. Grannen nicht so lang wie bei der Gerste, auch andere Anordnung der Samenstände. Höhe 50–180 cm. Blütezeit Mai/Juni, bräunlichgelb blühend. Reife Samen sind von Juli bis August vorhanden.
Weizen *Triticum aestivum*. Ähren sind vierkantig, gedrungen, mit nur ganz kurzen Grannen. Höhe 60–150 cm. Blütezeit Juni, gelbgrün blühend. Im Juli/August sind die Samen reif.

Alle Getreide-Arten gehören zur Familie der Süßgräser und sind einjährig.
Vorkommen: Bei uns nur als Kulturpflanzen auf Feldern angebaut, wobei es Sommer- und Wintergetreide gibt. Letzteres wird schon im Herbst ausgesät.
Verwertbare Teile: Junge grüne Triebe, halbreife bis reife Samen. Die Triebe können von Feldern geholt oder selbst in Blumentöpfen oder -kästen aus Samen gezogen werden. Größeren Vögeln wie Sittichen und Papageien können sie im ganzen gegeben werden; für kleinere werden sie gröber oder feiner geschnitten und unter das Weich- bzw. Keimfutter gemischt. Die Getreidekörner werden trocken oder gekeimt aufgenommen, Hafer auch halbreif in den Rispen angeboten.
Vogelarten: Viele Körner- und Weichfresser mögen die zarten Triebe, vor allem die weichen von Hafer und Gerste. Getreidesamen sind bei allen Körnerfressern beliebt, die sie von der Größe her bewältigen können, nicht nur bei Fasanen und anderen Hühnervögeln. Gekeimter Weizen spielt bei der Ernährung von Großsittichen und Papageien eine wichtige Rolle.

Kohlpflanzen

Brokkoli *Brassica oleracea* var. *italica*, auch Spargelkohl genannt. Er ist eine interessante Variante des Blumenkohls, bei dem sich jedoch bläulichgrüne, zarte Blumen bilden, die immer wieder nachwachsen. Von Juli bis in den Winter hinein können diese geerntet werden. Auch das Einfrieren ist möglich.
Chinakohl *Brassica oleracea* var. *chinensis*. Er wird erst Ende Juli, Anfang August gesät und bietet von Oktober bis zum ersten leichten Frost ein saftiges Blattgemüse. Hält sich auch, eingeschlagen in Sand oder Papier, eine Zeitlang in den Winter.
Grünkohl *Brassica oleracea* var. **sabellica**, auch Krauskohl oder Winterkohl genannt. Die krausen Blätter sollten nicht vor dem ersten Frost geerntet werden. Sie stehen den ganzen Winter hindurch zur Verfügung, können aber auch eingefroren werden.
Rosenkohl *Brassica oleracea* var. *gemmifera*, auch Brüsseler- oder Sprossenkohl genannt. Auch bei ihm sollte die Ernte der »Röschen« erst nach dem ersten Frost beginnen. Einfrieren ist ebenfalls möglich.
Kohlrabi *Brassica oleracea* var. *gongylodes*, auch Oberrübe genannt, kann zu verschiedenen Zeiten seine zarten, oberirdischen Knollen ausbilden.

Der Wildkohl und somit alle aus ihm gezüchteten Sorten gehören zur Familie der Kreuzblütler. Zur Blüte kommen sie zu verschiedenen Zeiten, und zwar fast immer erst im zweiten Jahr, gelbblühend. Samenreife etwa vier Wochen nach der Blüte.
Vorkommen: Alle Kohlarten stammen von einer einzigen Pflanze ab, dem Wildkohl, *Brassica oleracea*, der an der europäischen Atlantikküste heimisch ist. Alle herausgezüchteten Sorten werden auf Feldern und in Gärten angepflanzt.
Verwertbare Teile: Blumen vom Brokkoli, Blätter vom Grün- und Chinakohl, Röschen (aufgeschnitten) vom Rosenkohl und Scheiben bzw. Stückchen vom Kohlrabi sind vitamin- und mineralstoffreiches, saftiges Grünfutter. Die kleinen runden Samen, raps- und rübsenähnlich, können bei Reife in ihren Schoten mit dem ganzen Fruchtstand angeboten werden.
Vogelarten: Viele Körnerfresser mögen das frische Grün der Kohlpflanzen oder auch die weichen, saftigen Stücke oder Scheiben des Kohlrabis sehr gern. Letztere können, fein zerschnitten, auch unter das Früchtemenü für Weichfresser gemischt werden.

Kürbisgewächse

Kürbis *Cucurbita pepo*. Bis 10 m lange, borstige-behaarte, verzweigte Wickelranken, Blätter sehr groß, langstielig, herzförmig gezähnt. Die gelben Blüten erreichen einen Durchmesser von 10 cm.
Blütezeit Juni bis September, Reife der bis zu 40 cm Durchmesser erreichenden Kürbisfrucht von August bis Oktober.
Gurke *Cucumis sativus*. Wie Kürbis, jedoch in allen Belangen kleiner. Ranken bis 4 m lang, die goldgelben Blüten bis 3 cm messend. Blütezeit Juni bis August, reifende Gurken von Juli bis September.
Melone *Cucumis melo*. In verschiedenen Sorten als Wasser-, Zucker- oder Honigmelone angebaut. Wie Kürbis, Ranken nur bis 3 m lang. Blütezeit Juli/August, gelbblühend. Reife im August/September, jedoch in unserem Klima ungeschützt nicht möglich.

Die hier vorgestellten Pflanzen gehören zur Familie der Kürbisgewächse und sind einjährig.
Vorkommen: Der Kürbis ist im tropischen Amerika heimisch, die Gurke in Ostindien, die Melone ebenfalls, aber auch im tropischen Afrika. Bei uns können Kürbisse und Gurken verschiedener Zuchtformen im Freiland gedeihen, Melonen in Gewächshäusern und in südlicheren Breiten. Die sogenannten langen Schlangengurken können fast ganzjährig im Gemüsehandel erstanden werden.
Verwertbare Teile: Während von den süßen Melonen und den wegen ihrer Kieselsäure zur Federbildung nützlichen Gurken das Fruchtfleisch und die zahlreichen Samen gute Vogelnahrung sind, werden vom Kürbis nur die Kerne geschätzt. Die Kerne aller drei Arten sollten getrocknet gereicht werden.
Vogelarten: Gurken- und Melonenscheiben oder -stücke werden von fast allen Körner- und Weichfressern gern

genommen. Die Kerne aller drei Pflanzen sind bei Großsittichen und Papageien sehr beliebt. Manche Kernbeißer und anderen großen Finkenvögel nehmen sie auch.

Mais

Zea mays. Gehört zu den Rispengräsern der Familie der Süßgräser. Ist einjährig und bringt es auf eine Höhe von 100–300 cm. Blütezeit Juni/Juli, hell violett blühend. Reifende Samen Juli bis Oktober.

Vorkommen: Der Mais ist im tropischen Amerika heimisch und wird in Europa seit 1520 angepflanzt. Heute in verschiedenen Sorten hauptsächlich als Grünfutterpflanze.
Verwertbare Teile: Halbreife und reife Samen. Vor allem die halbreifen, noch milchigweichen Maiskörner werden in ihren Fruchtständen, den sogenannten Kolben, oder als Teile davon angeboten. In manchen Körnerfutter-Mischungen sind kleine Maiskörner oder gebrochener Mais enthalten.
Vogelarten: Wellensittiche, Großsittiche, Papageien sowie eine Anzahl größerer Finkenvögel sprechen dem milchigweichen Mais mit Begeisterung zu. Tauben, Wachteln, Fasane und andere Hühnervögel nehmen lieber trokkenen Mais, und zwar kleine oder gebrochene Körner.

Möhre

Daucus carota, auch Mohrrübe und, in kleinen, runden Sorten, Karotte genannt. Familie Doldengewächse. Höhe 30–90 cm. Blütezeit Mai bis August, im zweiten Jahr, weißblühend, Samenreife von Juni bis September.

Vorkommen: Wildwachsend an Weg- und Grabenrändern, auf Wiesen und Ödland. Hat eine weiße, holzige Wurzel. Durch Züchtung sind viele Sorten mit gelben bis roten, fleischig-saftigen Wurzeln entstanden, die auf Feldern und in Gärten angebaut werden.
Verwertbare Teile: Frische Wurzeln. Sie sind sehr reich an Vitamin A und an Karotin. Es hilft, das rote Gefieder mancher Pfleglinge zu erhalten.
Vogelarten: Nahezu alle Vögel nehmen Möhren zu sich. Kleineren Körner- und Weichfressern werden sie gerieben oder fein zerhackt unter das Eibzw. Weichfutter gemischt. Für größere Vögel können die Möhren in entsprechend große Stücke und Würfel geschnitten werden; viele Großsittiche und Papageien werden auch mit den ganzen Wurzeln fertig.

Obstbäume

Apfelbaum *Malus domestica.* Baum von 6–10 m Höhe. Blütezeit Mai/Juni, rötlichweiß blühend. Reife Früchte von August bis November.
Aprikose *Prunus armeniaca.* Baum von nur 3–4 m Höhe, häufig an warmen Süd-Hauswänden als Spalier gezogen. Blütezeit März/April, weißblühend. Fruchtreife im August/September.
Birnbaum *Pyrus communis.* Bis 20 m hoher Baum. Blütezeit April/Mai, weißblühend. Die Birnen sind je nach Sorte von August bis Oktober reif.

Pfirsich *Prunus persica.* Ein bis 8 m hoher Baum oder Strauch. Blütezeit März/April, rosablühend. Reife Früchte gibt es von August bis September.
Pflaumen, Zwetschgen, Mirabellen und Reneclouden *Prunus domestica,* ssp. *nigra, domestica, syriaca, italica.* Mittelgroße oder kleine Bäume. Blütezeit April/Mai, weißblühend. Früchte schwarzviolett, hellblau-violett, gelbrot, gelb oder gelbgrün, im August/September reif.
Süßkirsche *Prunus avium.* Kann ein 20 m hoher Baum werden. Blüht weiß im April/Mai. Die Kirschen sind im Juli/August reif.
Sauerkirsche *Prunus cerasus.* Mit 9 m Höhe viel kleiner als die Süßkirsche. Blütezeit April/Mai, weißblühend. Reife Früchte im Juli.

Vorkommen: Alle hier aufgezählten Obstarten stammen wahrscheinlich aus dem Orient. Sie werden heute in vielen Sorten angepflanzt, vor allem in Gärten. Auch an Wegen, in Anlagen und verwildert sind manche der Obstbäume zu finden.
Verwertbare Teile: Knospen, Blüten, Zweige, Früchte. Zweige können schon im Winter oder Vorfrühling zum Austreiben von Knospen und Blüten gebracht werden. Diese sind bei vielen Vögeln beliebt, bei nagenden auch die Zweige selbst. Die Früchte können bei voller Reife angeboten werden. Manche sind auch außerhalb der Saison durch Importe zu bekommen, Äpfel fast das ganze Jahr hindurch.
Vogelarten: Viele Körnerfresser nehmen Knospen und Blüten auf, oft auch die reifen Früchte. Diese können großen Arten wie Papageien als Ganzes gegeben werden. Den kleineren Vögeln und den Weichfressern werden sie schnabelgerecht zerkleinert. Kernbeißer nehmen auch die Kirschkerne.

Petersilie

Petroselinum crispum. Familie Doldengewächse. In der glattblättrigen Form leicht mit der sehr giftigen Hundspetersilie, *Aethusa cynapium,* auch Gartenschierling genannt, zu verwechseln. Deshalb ist die krause Form vorzuziehen. Die Höhe dieser zweijährigen Pflanze beträgt 60–80 cm. Blütezeit Juni/Juli, weißblühend. Samenreife Juli/August. Frische, grüne Blätter können ganzjährig geerntet oder im Gemüsehandel erstanden werden.

Vorkommen: Wildwachsend in Südost-Europa. Bei uns als Würzkraut in Gärten und auf Feldern angepflanzt.
Verwertbare Teile: Junge Blätter und Stengel. Petersiliensträußchen können mit einer Klammer am Gitter befestigt werden, so daß die Vögel die stark gefiederten Blätter in kleinen Teilen abreißen können. Werden, vor allem an Zuchtvögel, gekeimte Samen verabreicht, kann fein zerschnittene Petersilie daruntergemischt werden. Ein für alle Körnerfresser wertvolles Grünfutter, da sehr mineralstoff- und vitaminreich (höchste Werte an Kalium, Kalzium, Phosphor, den Vitaminen A, B und C).
Vogelarten: Fast alle körnerfressenden Vögel nehmen sie in kleiner Menge gern. Fein gewiegt kann sie auch Insek-

ten- und Fruchtfressern unter ihr Weichfutter gemischt werden.

Rübsen

Brassica rapa var. *silvestris*. Familie Kreuzblütler. Einjährige Ölpflanze. Höhe 50–100 cm. Blütezeit April/Mai (Winterrübsen), oder Juli/August (Sommerrübsen), gelbblühend. Samenreife Juni/Juli bzw. September.

Vorkommen: Wird als Abart und Zuchtform des Rübenkohls angebaut. Ähnelt sehr dem Raps.
Verwertbare Teile: Halb- bis vollreife Samen. Die noch nicht ganz reifen Samen werden von den Vögeln bevorzugt. Sie können mit den Stengeln im Käfig oder der Voliere aufgehängt werden. Reifer Rübsen ist als Vogelfutter jederzeit im Fachhandel erhältlich.
Vogelarten: Alle Körnerfresser, die ölhaltigen Samen mögen, wie Zeisige, Girlitze (auch der Kanarienvogel), Kardinäle, Farbfinken, Täubchen, Zwergwachteln und andere.

Runkelrübengewächse

Runkelrübe *Beta vulgaris* ssp. *vulgaris* var. *alba*, auch Dickrübe, Futterrübe und Rübenmangold genannt. Wird als Viehfutter angebaut. Die großen Rüben sind weißlich, gelb bis orange oder rot und ragen weit aus dem Boden. Sie sind von September bis Oktober reif. Hat große, langgestielte, herzförmige Blätter von zumeist bläulichgrüner Farbe.
Zuckerrübe *Beta vulgaris* ssp v. var. *altissima*. Wird zur Zuckergewinnung angebaut. Lange, keilförmige Rüben, die kaum aus dem Boden herausragen. Sie sind außen gelblich, innen weiß und werden von September bis November geerntet. Die Blätter sind kräftiggrün und glänzend.
Rote Bete *Beta vulgaris* ssp. v. var. *conditiva*, auch Rote Rübe oder Salatrübe genannt. Die nicht so großen, dunkel rotbraunen, innen roten und sehr weichen Wurzeln werden als Gemüsepflanze und für Salate verwendet und von Juli bis Oktober geerntet. Die langen Stiele und Blätter sind rot, wenigstens zum Teil.
Mangold *Beta vulgaris* ssp. v. var. *flavescens*, auch Römischer Kohl genannt. Hat keine verdickte, sondern eine schlanke, harte Wurzel. Die fleischigen Stiele und Rippen der glatten oder krausen Blätter sind gelb oder rot. Es werden die Blätter, bei manchen Sorten nur die Rippen geerntet, und zwar von Juni bis Oktober.

Die Runkelrübe mit ihren Unterarten und Zuchtformen gehört zur Familie der Gänsefußgewächse. Blütezeit Juli bis September, meistens erst im zweiten Jahr, grünblühend, dann eine Höhe von 60–125 cm erreichend.
Vorkommen: Die wildwachsende Stammform der Runkelrübe kommt an den Küsten des Mittelmeeres vor. Bei uns auf Äckern sowie als Rote Bete und Mangold in Gärten angebaut.
Verwertbare Teile: Runkelrübe und Rote Bete können in Stücken oder Scheiben angeboten werden. Von Roten Rüben, vor allem aber vom Mangold werden die Blätter und/oder die Blattrippen wie Salat oder Spinat ver-

Der hier gezeigte Rübsen ist vom Raps kaum zu unterscheiden, sowohl in der Blüte wie in den kleinen runden Ölsamen nicht.

füttert. Wegen des hohen Gehalts an roten Farbstoffen tragen diese Pflanzen zur Erhaltung der roten Gefiederfarbe bei. Am besten werden die Stücke in einer Klammer am Gitter befestigt oder auf dem Futtertisch auf einen Nagel gespießt. Die halbreifen bis reifen Samen aller vier Pflanzen, besonders die der Runkel- und der Zuckerrübe, sind bei vielen Vögeln beliebt. Die Samenstände sollten zur längeren Frischhaltung in einen Wasserbehälter gestellt werden.
Vogelarten: An Runkelrüben- und Rote Bete-Stücken sowie an Blättern und Blattrippen des Mangold versuchen sich heimische wie exotische Finkenvögel, auch Kanarienvögel, Wellensittiche, Großsittiche und Papageien, wenn manchmal auch erst nach einiger Zeit der Gewöhnung. Fein gewürfelt oder gerieben kann dieses Gemüse auch Weichfressern unter ihr Früchtemenü gegeben werden. Die Samen werden von fast allen Körnerfressern gemocht.

Salat

Lactuca sativa, als Kopf-, Schnitt- oder Pflücksalat in zahlreichen Sorten angebaut. Alle sind einjährige Pflanzen. Familie Korbblütler. Höhe 30–100 cm wenn der Salat in Blüte »schießt«. Blütezeit Juli/August, gelbblühend. Reifende Samen von August bis Oktober.

Vorkommen: Die Herkunft der Wildpflanze ist unbekannt. Als Garten-, Feld- und Treibhauspflanzen angebaut.

Verwertbare Teile: Blätter der jungen Pflanzen, Blüten sowie Samen in halbreifem bis reifem Stadium. Die Fruchtstände werden den Vögeln in einem Wasserbehälter angeboten, bevor die Flughaare der Samen sich öffnen. Diese sind zu klein zum vorherigen Abschneiden, werden von vielen Vögeln gern zum Auspolstern ihres Nestes genommen. Wer einen eigenen Garten hat, sollte verschiedene Sorten anbauen, um fast das ganze Jahr Grünfutter zur Verfügung zu haben, außerdem eine Anzahl Salatpflanzen in Blüte schießen lassen.

Vogelarten: Die meisten körnerfressenden Vögel nehmen Salatsamen, aber auch Blätter und Blüten. Manche Vögel reagieren mit Durchfall auf zu reichliche Salatblättergaben.

Spinat

Spinacia oleracea. Allseits bekannte Gemüsepflanze mit langstieligen, weichen Blättern. Sie ist einjährig. Höhe 30–40 cm, wenn in Blüte »geschossen«. Blütezeit Juni bis September, grünblühend. Reifende Samen von Juli bis Oktober. Um frische, junge Blätter zu bekommen, läßt sich Spinat zu verschiedenen Zeiten aussäen.

Vorkommen: Als Wildpflanze kommt der Spinat aus Asien. Wird in verschiedenen Sorten auf Feldern und in Gärten angepflanzt.
Verwertbare Teile: Blätter, ferner Samen in allen Reifestadien. Die Blätter werden wie Salat gereicht. Sie sind besonders reich an Magnesium, Eisen, den Vitaminen A, B und C. Viele nehmen sie als ganze Blätter, von denen sie abbeißen. Andere mögen sie lieber fein zerschnitten unter ihr Weich- oder Keimfutter gemischt bekommen. Samentragende Pflanzen können als Ganzes in Volieren aufgehängt werden.
Vogelarten: Fast alle Körnerfresser mögen Spinatblätter gern, aber auch die Samen werden von vielen gefressen.

Weinrebe

Vitis vinifera, auch Weinstock genannt. Familie Weinrebengewächse. Kletterstrauch, der bis zu 30 m lange Ranken entwickelt. Blütezeit Juni, gelbgrün blühend. Reife der grünen, rötlichblauen oder schwarzblauen Weintrauben von August bis Oktober.

Vorkommen: Stammt aus Kleinasien und wird als Obst und zur Herstellung von Wein angebaut. Auch zur Hausbegrünung mit der Möglichkeit einer kleinen Weintraubenernte, falls die Südseite gewählt wird.
Verwertbare Teile: Reife Weintrauben. Für kleinere Vögel können sie auch zerteilt werden.
Vogelarten: Viele Weichfresser, Sittiche, Papageien, Tauben und Hühnervögel mögen die Beeren. Manche Gimpelartigen und andere kleinere Körnerfresser nehmen sie auch, doch haben sie es oft nur auf die Kerne abgesehen.

So werden die Futterpflanzen richtig gesammelt, aufbewahrt und verfüttert

Gehen oder fahren wir als Vogelhalter in die Natur hinaus, dann sollten wir stets so ausgerüstet sein, daß wir unseren Pfleglingen etwas von dem, was sich als Nahrung für sie finden läßt, ohne Schwierigkeiten mitbringen können. Ob wir zu Fuß, per Fahrrad oder mit dem Auto unterwegs sind, so ist es zweckmäßig, eine Kleinausrüstung bei sich zu haben, die aus folgenden Utensilien bestehen könnte:

Ein Kunststoffbehälter mit Druckdeckel (wie er zum Einfrieren von Gemüse oder Speisen in fast jedem Haushalt vorhanden ist), sollte je nach Anzahl der Vögel in der ausreichenden Größe mitgeführt werden. Darin können reife Samenköpfe (die leicht ausschütten können), sehr druckempfindliches oder schnell welkendes Grünzeug transportiert werden. Es hält sich darin dank der Eigenfeuchtigkeit oft erstaunlich frisch. Auch Pflanzen mit Wurzelballen lassen sich in einem Kunststoffbehälter transportieren, ohne daß es im Auto oder sonstwo zu Verschmutzungen kommt. Größere Pflanzen können oben herausragen. Der Deckel ist für bewurzelte Pflanzen auch nicht nötig, weil diese nicht so rasch welken.

Eine ganz kleine **Handschaufel** (wie für Gärtner), ist für das Auslösen der Pflanzen mit Wurzelballen aus dem Boden erforderlich.

Eine **kleine Schere** sollte immer dabei sein. Zwar lassen sich mit etwas Übung und Geschick viele Gräser und Kräuter einfach pflücken oder zwischen den Fingernägeln abreißen, doch das gibt sehr oft grüne, klebrige Finger oder eingerissene Fingernägel. Manche Stengel sind auch so hart oder zäh wie Draht, so daß wir ohne Schere oft resigniert aufgeben. Die Flughaare der Löwenzahnköpfe und anderer Korbblütler lassen sich mit der Schere dabei gleich während einer Sammelpause vor Ort abschneiden.

Mit einer **Gartenschere** können wir nicht nur sehr standhafte Kräuter und Gräser abschneiden, sondern auch Zweige und dünnere Äste. Diese werden ja in knospendem, blühendem und beerentragendem Zustand benötigt.

Eine kleine, aber gut geschränkte **Säge** (sonst klemmt sie im frischen Holz), ist für etwas stärkere Äste erforderlich. Dieser Ausrüstungsteil ist nur für Liebhaber mit ganz großen Volieren, in die bereits regelrechte Bäume hineinpassen.

Bindfaden ist notwendig, damit die gepflückten Kräuter- oder Gräsersträuße sogleich zusammengebunden werden können.

Alte Zeitungen können von Nutzen sein, wenn wir Pflanzen sammeln, die leicht welken, für unsere Kunststoffdose aber zu groß sind. Wir schlagen sie dann in eine dickere Lage angefeuchteter Zeitungen ein. So bekommen wir die Pflanzen auch über eine längere Strecke fast immer knackig frisch zu den Vögeln. Falls erforderlich, werden über die beiden Enden des feuchten Pflanzenpakets Plastiktüten gestülpt. So bleiben die Pflanzen noch länger frisch.

Diese Utensilien nehmen weniger Platz ein, als man denkt. Wer zu Fuß unterwegs ist, benötigt nur eine Tasche oder einen kleinen Rucksack. Für

Fahrradfahrer ist ein Einkaufskorb auf dem Gepäckträger ideal. Darin läßt sich eine kleine Tasche mit den wenigen Werkzeugen leicht transportieren. Noch leichter hat es der Autofahrer, denn er bringt die Sachen jederzeit griffbereit im Kofferraum unter.

Damit sind wir bei der Aufbewahrung. Zwar sollte vor allem Grünzeug wie Vogelmiere, die besonders schnell welkt, in frisch gepflücktem Zustand verfüttert werden, doch mancher Vogelfreund hat nicht die Möglichkeit, einfach in den Garten zu gehen, etwas zu pflücken und sogleich den Vögeln vorzulegen. Vor allem der Städter kommt meist nur am Wochenende heraus, um Grünfutter zu sammeln. Dann bietet sich das feuchte Einschlagen in Zeitungspapier und Aufbewahren im Keller oder im Kühlschrank an. So können sich die Pflanzen eine ganze Woche lang frisch halten, vor allem wenn sie mit Wurzelballen eingeschlagen werden.

Manche Samenköpfe (etwa Löwenzahn), oder Beeren (etwa Hagebutten), können nur an wenigen Tagen oder Wochen im Jahr geerntet werden. Damit den Vögeln aber möglichst ständig dieses hochwertige Futter angeboten werden kann, sollten wir es frisch einfrieren. Was sich einzufrieren lohnt und eignet, ist meistens bei den Pflanzenbeschreibungen erwähnt, es empfehlen sich darüber hinaus aber auch eigene Versuche.

Viele Beeren lassen sich nicht einfrieren, sondern nur getrocknet aufbewahren. Das ist am schonendsten und wirkungsvollsten auf einem mit Fliegengaze bespannten Holzrahmen möglich. Luftig, doch nicht in der prallen Sonne, trocknen die Beeren am schonensten.

In den Beschreibungen wird meist auch angegeben, wie die bestimmten Pflanzen oder Pflanzenteile den Vögeln dargeboten werden sollten. Die schlechteste Art ist, ihnen das Grünfutter einfach auf den Käfig- oder Volierenboden zu legen, außer bei Hühnervögeln. Alle anderen nehmen es viel lieber, wenn es aufgestellt oder aufgehängt wird. Nicht nur aufgrund besonderer Frische und Wohlgeschmacks »fliegen« unsere Pfleglinge auf das Grünfutter, die Grasrispen, Beeren, Blüten oder Rinde, sondern auch um beim Klettern, Hangeln, Ausklauben, Pflücken oder Nagen die natürliche Futteraufnahme zu erleben. Dieses Bedürfnis geht den Vögeln auch dann nicht verloren, wenn sie schon seit Generationen in Käfig oder Voliere leben und nur die Nahrungsaufnahme vom Napf gewohnt sind.

Haben die ausgegrabenen Pflanzen keine genügend starken Stengel, dann sollten sie an ein Klettergerät gebunden werden, am besten an ein vielfach verzweigtes Aststück. Es wird dann mit den Pflanzen an eine Sitzgelegenheit oder die Volierendecke gehängt. Leben die Vögel in Käfigen, so ist das nur in beschränktem Maße möglich. Bei kleineren Käfigen können die Pflanzen allerdings nur durchs Gitter gesteckt werden.

Manche Pflanzen munden den Vögeln nur, wenn sie ganz frisch sind. Viele können aber nur wie Schnittblumen in Vasen, Töpfen oder Eimern frischgehalten werden. Allerdings besteht dann auch die Gefahr, daß die Vögel in diesen Gefäßen ertrinken können. Entweder wird eine Manschette aus Maschendraht um die Pflanzenstengel gelegt oder der Wasserbehälter mit Steinen aufgefüllt. Letzteres bringt den Pflanzen die größere Standfestigkeit. Es muß dann aber auch häufiger gegossen werden, da das Wasservolumen durch die vielen Steine stark eingeschränkt ist.

Giftpflanzen in der Natur und in der Wohnung

Es gibt viele Pflanzen, die für unsere Vögel giftig oder auch nur unverträglich sind. Leider ist dazu keine allgemeingültige Aussage möglich, da die einzelnen Pflanzen nicht für alle Vögel gleich giftig sind. Zum Beispiel vertragen manche Vögel Samen oder Beeren, die für andere unverträglich oder gar hochgiftig sind. Auf jeden Fall sollten wir darauf achten, daß unsere Vögel nicht an die in nachfolgender Aufstellung genannten Pflanzen gelangen. Die meisten Gefiederten haben noch Instinkt genug, diese Pflanzen zu verschmähen. Doch darauf können wir uns nicht verlassen. So kommt es immer wieder zu Vergiftungen, manchmal mit Todesfolge.

Es liegt an uns, alle Pflanzen von den Gefiederten fernzuhalten, die wir nicht als harmlos erkannt haben. Die nachfolgende Liste der unverträglichen Pflanzen erhebt nicht den Anspruch der Vollständigkeit. Es gibt sicher noch weit mehr Pflanzen, die gefährlich für unsere Pfleglinge sein können. Es ist in dieser Hinsicht noch nicht alles erforscht oder ausprobiert worden.

Liste der giftigen Pflanzen:

Acker-Gauchheil (die Samen werden von einigen Vögeln gemocht)
Ackerwinde
Adonisröschen
Akazien (manche Vögel nehmen die Samen als Nahrung)
Alpenrebe
Anemonen
Arnika
Aronstab

Betäubender Kälberkropf
Blasenstrauch
Blaustern
Buchsbaum
Bunte Kronwicke

Calla
Christrose
Christusdorn

Dieffenbachia
Dipladenia
Diptam

Edelweiß
Efeu (die Beeren werden von manchen Vögeln genommen, von Rauhfußhühnern im Winter zeitweise sogar die Blätter)
Eibe (das rote Fruchtfleisch wird von manchen Vögeln verzehrt)
Eisenhut
Euphorbien

Faulbaum (die reifen Steinfrüchte sind bei einigen Vögeln beliebt)
Feuerdorn (die Beeren werden von manchen Vögeln gern genommen)
Fingerhut

Gefleckter Schierling
Gemeines Bilsenkraut
Goldregen
Gottesgnadenkraut

Hartriegel (die Beeren werden von einigen Vögeln angenommen)
Heckenkirsche
Herbstzeitlose
Hundspetersilie
Hyazinthen

Jelängerjelieber

Kaiserkrone
Kirschlorbeer
Knollen-Hahnenfuß
Korallenbeere
Kornrade
Kreuzdorn
Küchenschelle

Leberblümchen
Liguster (manche Vögel nehmen die Beeren)

Mahonie (einige Vögel verzehren die reifen Beeren)
Maiglöckchen
Märzenbecher
Mauerpfeffer
Mistel

Nachtschattengewächse
Narzissen
Nelken
Nieswurz

Oleander

Pfaffenhütchen
Pferdesaat
Porzellanblume
Primeln

Rittersporn (die Samen werden von vielen Vögeln gern genommen)
Robinie (einige Vögel mögen die Samen)
Röhrige Rebendolde
Rostblättrige Alpenrose

Sadebaum
Salomonssiegel
Sauerklee
Scharfer Hahnenfuß
Schlafmohn (die reifen Samen munden vielen Vögeln)
Schneeball (die Beeren werden von den Vögeln vertragen)
Schneebeere (einige Vögel mögen die Beeren gern)
Schwalbenwurz
Seidelbast
Spindelbaum
Stechapfel
Stechpalme
Steinklee
Sumpf-Schlangenwurz

Tollkirsche
Trollblume

Veilchen (die reifen Samen sind für die Vögel verträglich)
Vierblättrige Einbeere

Wacholder (die Beeren werden von einigen Vögeln genommen)
Waldgeißblatt
Waldrebe (nur die reifen Beeren sind ungefährlich)
Wasserschierling
Weihnachtsstern
Weinraute
Weißer Germer
Weißwurz
Wolfsmilchgewächse
Wolliger Hahnenfuß

Zaunrübe
Zwergmispel (die Beeren werden gefressen)

Für Vögel verträgliche Zimmerpflanzen, jedoch keine Futterpflanzen

Agaven
Ananasgewächse

Billbergia
Blattkakteen (Epiphyllum)
Bogenhanf (Sansevieria)
Bromelien
Brutblatt (Kalanchoe)
Buntnessel (Coleus)

Callisia
Cissus
Citrusgewächse

Dattelpalme
Dracaena
Dyckia

Efeutute (Epipremnum)

Feigenkakteen (Opuntia)
Fensterblatt (Monstera)

Grünlilie (Chlorophytum)
Guzmania

Hanfpalme (Trachycarpus)
Haworthien (Haworthia)

Kaffeestrauch (Coffea)
Kakteen allgemein
Kalanchoe
Kalmus (Acorus)
Kentie (Howeia)
Klimme (Cissus)

Lanzenrosette (Aechmea)

Monstera

Neoregelia
Nidularium

Oplismenus
Opuntien
Osterkaktus (Rhipsalidopsis)

Palmen allgemein
Palmfarne (Cycas)
Palmlilien (Yucca)
Papyrusstauden
Philodendron, einige bedingt

Rhoeo
Rosen

Sanseveria
Schefflera
Schönmalven (Abutilon)
Segge (Carex)
Setcreasea
Steckenpalme (Rhapis)
Stenotaphrum
Strelitzie

Tillandsien
Tradeskantien

Vriesea

Washingtonia
Weihnachtskaktus (Schlumbergera)

Yuccapalme

Zebrakraut (Zebrina)
Zimmertanne
Zyperngras

Kalender für das Sammeln und Ernten von Futterpflanzen

1 2 3 4 5 6 7 8 9 10 11 12	
2 – 3	Haselnußknospen und -blüten
2 – 4	Erlenknospen und -triebe
2 – 4	Huflattich
2 – 4	Platanensamen
2 – 5	Fichtensamen
2 – 11	Comfrey
2 – 12	Petersilie
2 – 12	Vogelmiere
3 – 4	Rote Johannisbeer-Knospen
3 – 4	Schwarze Johannisbeer-Knospen
3 – 4	Ulmenknospen und -blüten
3 – 5	Brennesseltriebe
3 – 5	Lärchensamen
3 – 5	Obstbaumblüten und -knospen
3 – 5	Zwergmispelknospen
3 – 6	Hungerblümchen
3 – 6	Weidenknospen, -blüten, -triebe
3 – 11	Löwenzahn
4 – 5	Birkenknospen
4 – 5	Efeubeeren
4 – 5	Fliederknospen
4 – 5	Ginsterknospen
4 – 5	Rotbuche-Knospen
4 – 6	Ahornknospen und -blüten
4 – 6	Gartenkresse
4 – 7	Futterwickesamen
4 – 7	Veilchensamen
4 – 8	Brunenkresse
4 – 11	Gänseblümchen
4 – 11	Gewöhnliches Kreuzkraut
4 – 11	Hirtentäschelkraut
4 – 11	Reiherschnabel
5	Eichenknospen
5	Walnußkätzchen
5 – 6	Behaarte Hainsimse
5 – 6	Eingriffeliger Weißdorn (Blüten)
5 – 6	Pappelsamen
5 – 6	Ulmensamen

1	2	3	4	5	6	7	8	9	10	11	12	
				5	—	7						Körnersteinbrech
				5	—	7						Kohl-Gänsedistel-Blätter
				5	—	7						Waldhabichtskraut
				5	—	7						Weißtannensamen
				5	—	7		9	—	11		Frühlingskreuzkraut
				5	—	—	8					Bärentrauben
				5	—	—	—	9				Himbeeren
				5	—	—	—	9				Ruchgras
				5	—	—	—	9				Vergißmeinnicht-Samen
				5	—	—	—	—	10			Ackerhornkraut
				5	—	—	—	—	10			Ackerschotendotter
				5	—	—	—	—	10			Habichtskräuter
				5	—	—	—	—	10			Klee-Arten
				5	—	—	—	—	10			Rispengräser
				5	—	—	—	—	10			Spinat (Grünes)
				5	—	—	—	—	—	11		Salat (Grünes)
				5	—	—	—	—	—	11		Stiefmütterchen-Samen
				5	—	—	—	—	—	11		Wasserlinsen
				5	—	—	—	—	—	11		Wegerauke
					6	7						Gartenerdbeeren
					6	7						Schwarzer Holunder (Blüten)
					6	—	8					Gemeines Knäuelgras
					6	—	8					Rote Johannisbeeren
					6	—	8					Stachelbeeren
					6	—	8					Wiesen-Bocksbart
					6	—	8					Wiesen-Fuchsschwanz
					6	—	—	9				Ampfer-Arten
					6	—	—	9				Kohlrabi
					6	—	—	9				Ringelblumenblätter u. -blüten
					6	—	—	9				Rübsen
					6	—	—	—	10			Borretsch
					6	—	—	—	10			Klappertopf
					6	—	—	—	10			Mangold
					6	—	—	—	10			Rittersporn
					6	—	—	—	10			Walderdbeeren
					6	—	—	—	—	11		Ackerknautie
					6	—	—	—	—	11		Efeublättriges Leinkraut
					6	—	—	—	—	11		Englisches Raygras
					6	—	—	—	—	11		Geruchlose Kamille
					6	—	—	—	—	11		Klebriges Kreuzblatt
					6	—	—	—	—	11		Möhren
					6	—	—	—	—	11		Ochsenzungen
					6	—	—	—	—	11		Storchschnabel-Arten
					6	—	—	—	—	11		Wegerich-Arten
					6	—	—	—	—	—	12	Brennesselsamen
					6	—	—	—	—	—	12	Schafgarbe

1 2 3 4 5 6 7 8 9 10 11 12	
7	Sauerkirschen
7 — 8	Bergflockenblumen
7 — 8	Heidelbeeren
7 — 8	Kornblumen
7 — 8	Moorbeeren
7 — 8	Salatblüten
7 — 8	Sandmohn
7 — 8	Schwarze Johannisbeeren
7 — 8	Süßkirschen
7 — 9	Binsen
7 — 9	Echte Kamille
7 — 9	Erbsen
7 — 9	Getreidesamen
7 — 9	Gurken
7 — 9	Pippau
7 — 9	Preiselbeeren
7 — 9	Strahllose Kamille
7 — 9	Taumellolch
7 — 9	Traubenholunder
7 — 9	Wickesamen
7 — 9	Wiesenknopf
7 — 9	Wolliges Honiggras
7 — 9	Zwergmispelbeeren
7 — 10	Ackersenf
7 — 10	Hühnerhirse
7 — 10	Jakobskreuzkraut
7 — 10	Klatschmohn
7 — 10	Leinkraut
7 — 10	Mais
7 — 10	Natterkopf
7 — 10	Quecke
7 — 10	Rauher Löwenzahn
7 — 10	Raukenblättriges Kreuzkraut
7 — 10	Ringelblumensamen
7 — 10	Rote Bete
7 — 10	Schlafmohn
7 — 10	Spierstaude
7 — 10	Spinatsamen
7 — 10	Wachtelweizen
7 — 10	Weidenröschen
7 — 11	Bingelkraut
7 — 11	Birkensamen
7 — 11	Bluthirse
7 — 11	Frauenmantel
7 — 11	Gänsedistelsamen
7 — 11	Herbstlöwenzahn

1	2	3	4	5	6	7	8	9	10	11	12	
						7	—	—	—	11		Kratzdisteln
						7	—	—	—	11		Löwenmaul
						7	—	—	—	11		Rainfarn
						7	—	—	—	11		Schafschwingel
						7	—	—	—	11		Schmuckkörbchen
						7	—	—	—	11		Skabioseartige Flockenblume
						7	—	—	—	11		Wegdistel
						7	—	—	—	11		Wiesen-Flockenblume
						7	—	—	—	11		Wiesenpippau
						7	—	—	—	—	12	Brokkoli
							8					Kornelkirschen
							8					Sommerlinden-Samen
							8	9				Ahornsamen
							8	9				Aprikosen
							8	9				Faulbaumbeeren
							8	9				Hartriegelbeeren
							8	9				Italienisches Raygras
							8	9				Königskerzensamen
							8	9				Krähenbeeren
							8	9				Krause Distel
							8	9				Mahonienbeeren
							8	9				Mehlbeeren
							8	9				Melonen
							8	9				Pfirsiche
							8	9				Pflaumen
							8	9				Schwarzer Holunder (Beeren)
							8	9				Wiesen-Lieschgras
							8	—	10			Bärenklau
							8	—	10			Birnen
							8	—	10			Echte Hirse
							8	—	10			Eselsdistel
							8	—	10			Fliedersamen
							8	—	10			Ginstersamen
							8	—	10			Glockenheidesamen
							8	—	10			Heckenrosenfrüchte (Hagebutten)
							8	—	10			Kletten
							8	—	10			Kürbiskerne
							8	—	10			Kugeldistel
							8	—	10			Meldesamen
							8	—	10			Nachtkerzesamen
							8	—	10			Nickende Distel
							8	—	10			Rasenschmiele
							8	—	10			Salatsamen
							8	—	10			Waldknautie
							8	—	10			Wegwarte

1 2 3 4 5 6 7 8 9 10 11 12		
	8–10	Weintrauben
	8–10	Weißdornbeeren
	8–10	Weißer Gänsefuß
	8–10	Wilde Karde
	8–11	Äpfel
	8–11	Beifuß
	8–11	Eibenbeeren
	8–11	Endivien
	8–11	Goldrutensamen
	8–11	Hohlzahn-Arten
	8–11	Knöterich-Arten
	8–11	Schneeballbeeren
	8–12	Brombeeren
1–2	8–12	Ebereschenbeeren
1–3	8–12	Schneebeeren
	9	Echte Mispel (Samen)
	9	Winterlinde
	9–10	Bucheckern
	9–10	Eicheln
	9–10	Eschensamen
	9–10	Haselnüsse
	9–10	Runkelrüben
	9–11	Besenheidesamen
	9–11	Buchweizen
	9–11	Fenchelsamen
	9–11	Hopfensamen
	9–11	Küsten-Douglasie (Samen)
	9–11	Sonnenblumensamen
	9–11	Wacholderbeeren
	9–11	Zuckerrüben
	9–12	Feuerdornbeeren
	9–12	Schwarzdornbeeren
1–2	9–12	Berberitze
1–2	9–12	Sanddornbeeren
1–3	9–12	Ligusterbeeren
1–3	9–12	Waldrebe
	10	Lebensbaumsamen
	10–11	Walnüsse
	10–12	Chinakohl
1–2	10–12	Erlensamen
	11–12	Rosenkohl
1–3	11–12	Grünkohl

Literaturverzeichnis

Aeckerlein, W.: Die Ernährung des Vogels. Eugen Ulmer, Stuttgart 1986.

Aschenbrenner, H.: Rauhfußhühner. M. & H. Schaper, Hannover 1985.

Bielfeld, H.: Einheimische Singvögel. Verlag Eugen Ulmer, Stuttgart 1984, 1990.

– Der Kanarienvogel. Verlag Eugen Ulmer, Stuttgart 1986, 1990.

Blüchel, K.: Heilkräfte der Natur. Falken-Verlag, Niedernhausen 1977.

Dahl, J.: Wildpflanzen im Garten. Gräfe und Unzer, München 1985.

Delaveau, P. et al.: Geheimnisse und Heilkräfte der Pflanzen. Verlag Das Beste GmbH, Stuttgart 1978.

Dörfler, H.-P. et al.: Heilpflanzen gestern und heute. Urania, Leipzig 1984.

Dost, H.: Einheimische Stubenvögel. Verlag Eugen Ulmer, Stuttgart 1969.

– Fremdländische Stubenvögel. Verlag Eugen Ulmer, Stuttgart 1969.

Graf, J.: Pflanzen-Bestimmungsbuch. J. F. Lehmanns Verlag, München 1967.

Grahl, W. de: Papageien. Verlag Eugen Ulmer, Stuttgart 1969, 1990.

Immelmann, K. et al.: Die australischen Plattschweifsittiche. Die Neue Brehm-Bücherei, A. Ziemsen Verlag, Wittenberg-Lutherstadt 1989.

Jenuwein, H.: Avocado bis Zuckerrohr, Tropische Nutzpflanzen selber ziehen. Verlag Eugen Ulmer, Stuttgart 1986.

Johns, L.: Bäume, Sträucher, Ziergehölze. Mosaik Verlag, München 1984.

Kleijn, H. et al.: Großes Fotobuch der Wildpflanzen. BLV-Verlag, München 1964.

Kreuter, M.-L.: Der Bio-Garten. BLV-Verlag, München 1988.

Lange, H. et al.: Pflanzen – Aufbau, Wachstum, Lebensform. Bertelsmann, Reinhard Mohn Verlag, Gütersloh o. J.

Lippert, W. et al.: GU Naturführer Blumen. Gräfe und Unzer Verlag, München 1983, 1987.

Lögler, G.: Kletterpflanzen. Gräfe und Unzer Verlag, München 1986.

Münst, A. et al.: Tauben. Verlag Josef Wolters, Bottrop 1989.

Nicolai, J.: Elternbeziehung und Partnerwahl im Leben der Vögel. R. Piper & Co. Verlag, München 1970.

Pardatscher, G.: Die schönsten Ziergehölze. Verlag Eugen Ulmer, Stuttgart 1985.

Pinter, H.: Handbuch der Papageienkunde. Kosmos/Franckh'sche Verlagshandlung, Stuttgart 1979.

Pokorný, J.: Bäume in Mitteleuropa. Bertelsmann, Reinhard Mohn Verlag, Gütersloh 1973.

– Sträucher und Gehölze. Lingen Verlag, Köln 1989.

Polunin, O.: The Concise Flowers of Europe. Oxford University Press, London 1972, 1974.

Raethel, H.-S.: Wildtauben. Verlag Eugen Ulmer, Stuttgart 1980.

– Hühnervögel der Welt. Neumann-Neudamm, Melsungen 1988.

Rauh, W.: Unsere Wiesenpflanzen. Carl Winter Universitätsverlag, Heidelberg 1966.

Sabel, K.: Vogelfutterpflanzen. Verlag Jacob Helène, Pfungstadt 1967.

– Naturgemäße Finkenzucht, Sämereien und Wildfutterpflanzen für europäische und außereuropäische Körnerfresser. JOKO-Verlag, Bassum 3 1983.

– Pfäffchen, Finkenammern Mittel- und Südamerikas. Verlag Eugen Ulmer, Stuttgart 1990.

Schnabl, H.: Wild-, Kulturpflanzen, Futtermischungen, und animalische Futterstoffe zur Vogelernährung. Ornibook-Verlag, Kürten 1984.

Schmeil, O.: Leitfaden der Pflanzenkunde. Quelle & Meyer, Leipzig 1928.

Stein, S.: Salate selbst gezogen. Gräfe und Unzer Verlag, München 1980.

Register der Futterpflanzen

Seitenzahlen mit * verweisen auf Abbildungen